スズキ「ものづくり」の原点

初代ALTOと鈴木修の経営

牧野茂雄 著

SAN-EI CORPORATION

はじめに

まだインターネットも携帯電話もなかった時代。レコードやカセットテープで音楽を聴いていた時代。カメラはすべてフィルムだった時代。1979年。

この年の５月に初代スズキ・アルトは誕生した。１月に勃発したイラン革命を引き金に第２次オイルショックが世界経済を襲い、日本でもガソリン価格が値上がりしていた５月だった。グレードなしの全国統一価格47万円。普通の軽乗用車が60万円くらいしていたときに、アルトは「物品税のかからない商用車」である強みを生かして47万円で登場した。結果は大ヒットだった。

このアルトがスズキを変えた。事業の主役はバイクから４輪車へと移り、やがて海外にも本格的な車両工場を持つグローバル企業へと成長していった。いまのスズキはその延長線上にいる。いっぽうアルトはモデルチェンジを続け、2021年９月現在は８代目モデルが生産されている。アルトの国内販売台数累計は2016年12月に500万台を超えた。発売から450カ月、37年６カ月での達成であり、月平均１万1110台という立派な実績を残した。そしてスズキの軽自動車の国内販売累計は2021年4月に2500万台を突破した。日本の道をいま走っている自動車の中でもっとも多いのはトヨタのクルマ、その次に多いのがスズキのクルマである。

いっぽう、初代と２代目のアルトをベースに800ccエンジンを積んだクルマがインドで生産された。その名は「マルチ800」。このクルマはインドの国民車と呼ばれて親しまれた。まだ誰もインドに自動車産業が定着することなど考えていなかった1980年代初頭に、スズキはインド政府の自動車国産化プロジェクトを支援するためインドへと進出した。これを決断したのは、当時社長だった鈴木修氏である。いまやインドでのスズキ４輪車生産台数累計は2000万台を超えている。インドでも、日本に住む我々がよく知っているワゴンＲやスイフトが作られ、インドからアフリカなどに向けて輸出されている。

世界最大の自動車市場は中国。２番目はアメリカ。しかしスズキは、中国からもアメリカからも撤退した。インド、パキスタン、ハンガリー、インドネシア、タイなどがスズキのクルマの生産地だ。こういう国の組み合わせで車両工場を持つ自動車メーカーはスズキだけだ。そして、作っているのは小さなクルマが多い。利益率の高い高級車を、スズキは作っていない。それでもきちんと利益を出している。不思議な会社だ。そのルーツは、織物を作るための機械「織機」を製造する繊維機器メーカーとして1909年に操業された鈴木式織機製作所である。1920年３月に鈴木式織機株式会社となり、この年から数えて100周年が2020年だった。歴史のある会社だ。

この本は、1979年５月発売の初代スズキ・アルトを振り返ることが目的である。1978年６月に社長に就任した鈴木修氏が初めてプロジェクト全体の指揮を執ったモデルであり、同時に日本の軽自動車市場に革命を起こしたモデルである。1978年のスズキ（当時の社名は鈴木自動車工業）は危機に瀕していた。高度経済成長がもたらした好景気は、人びとを「もっと大きなクルマ」へと駆り立てた。そのため軽自動車の販売台数は減り続け、通産省（現経済産業省）など中央官庁には「もう軽自動車は不要」という声さえ出始めていた。そのなかで鈴木自工は、ガソリンエンジンの排出ガス対策で出遅れ、新エンジンのための生産設備導入すら思うに任せられない状況だった。鈴木自工は「なくなってしまうかもしれない」とさえ言われた。

そんな会社の窮地を救ったのが初代アルトの成功だった。1979年５月、当時社長だった鈴木修氏は、初代アルトのデビューに関わる作業のすべてを取り仕切り、すべての重要決定事項を自ら判断した。最高指揮官として、初代アルトの開発から生産手配、販売までの全責任を負い、それを全うした人だ。鈴木修氏は2021年の６月をもってスズキの会長職から相談役に退いた。日本の自動車産業史のなかでひとつの時代が終わった2021年である。

これからのスズキは新しい世代が担う。世の中は変わり、自動車の姿も変わるだろう。すでに内燃エンジンの存在の仕方は、独立独歩から電動機構を備えた形へと変わった。将来は電動モーターとバッテリーだけで走る自動車が増えることだろう。

しかし、どんなに時代が変わっても、自動車は使う人が「好み」で選ぶ耐久消費財であり、「このクルマに乗りたい」と思ってもらえる商品を開発することが自動車メーカーにとって最優先の課題であることに変わりはない。だからこそいま、一時代を築いた初代アルトというクルマを見つめ直したいと思う。

過去には未来が詰まっている。

令和３年９月　筆者

目次

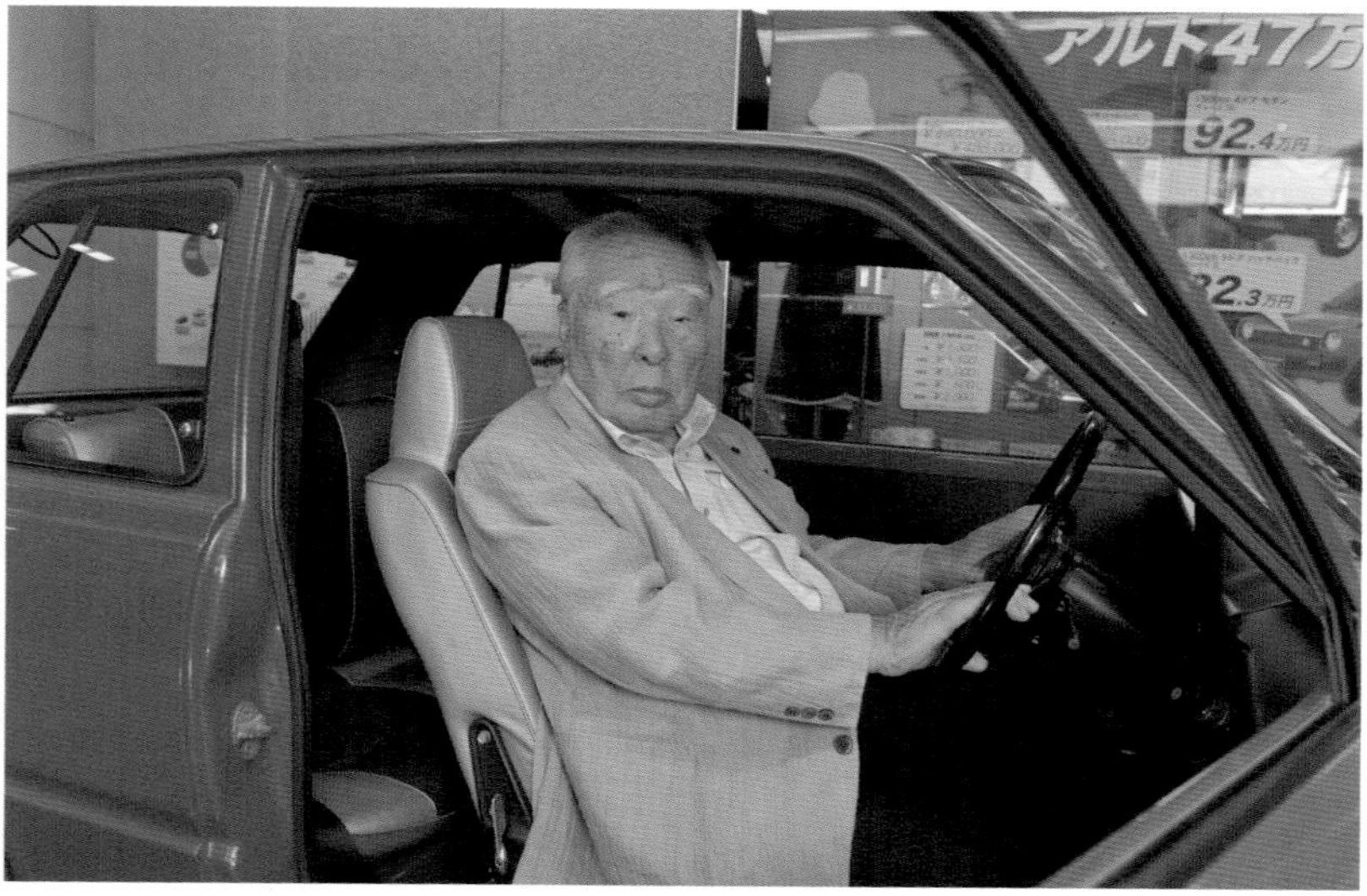

ご自身が開発の指揮を執った初代アルトはスズキ歴史館に展示されている。「久々に座ってみると、案外広いもんだね」と鈴木修相談役。シートスライドを調整してドライビングポジションを合わせた。操作系はすべて覚えていた。
（2021年6月撮影）

第一章

初代アルトと鈴木修

（上）エンジン横置きFFの利点を活かすため最小限に抑えたエンジンルーム。サスペンションストラットのトップマウント位置までバルクヘッドを前進させ、運転席足元空間を稼いでいる。

（中）シート表皮はPVC樹脂だが、色分けすることで見栄えに気を遣った。背もたれとヘッドレストを一体化して部品点数を削り、調整は前後スライドとリクライニング角度のみ。

（右）ステアリングコラムは固定式で調整機能は持たないが、できるだけ多くのドライバー体型をカバーできるコラム角度に設定された。大きめのステアリング径は操舵力軽減効果がある。

全長3.2×全幅1.4×全高2m、エンジン排気量550cc。これが当時の軽自動車規格だった。初代アルトは乗用車ではなく「貨客兼用」という商用車規格に則って開発された。税率15.5%の物品税を回避するためだった。

フロンテなど、それまでのスズキ車の「丸み」を帯びた外観とは趣が異なるシャープな直線基調のボディラインが初代アルトの特徴だった。細部まで入念にデザインされており、いま見ても新鮮さを失っていない。

初代アルトが原点だった　鈴木修会長（現・相談役）インタビュー

アルトやり直しプロジェクトのはじまり

スズキの経営から退く直前の鈴木修会長（現・相談役）にインタビューした。1978年に48歳で社長就任する前の鈴木自工常務時代から、引退を決断するまでの四十数年間を語っていただいた。中心のテーマは初代アルト。インタビュアーは佃モビリティ総研代表の佃義夫氏（元日刊自動車新聞社社長）にお願いした。佃氏は、鈴木修氏にもっとも信頼されたメディア人のひとりであり、おそらく、誰よりも多くのインタビューをこなした人だ。

令和3年の株主総会を間近に控えた、6月のよく晴れた日、鈴木修会長はスズキ本社の会議室に現れた。鈴木修氏を会長と呼ぶことのできる日数はあとわずかだった。歴戦の経営者は何を語ってくれるだろうか。

「この間、会ったばかりだな」

ゆっくりと椅子に座りながら、修氏が佃氏に言った。

「先日はありがとうございました。またお時間をいただきます」と佃氏。そして、まるでそのときの会話の続きでもあるかのように、インタビューが始まった。

佃 義夫（以下＝T）：国内の自動車市場は、いま半分が軽自動車になりつつあります。月ごとで見ると、メーカーによっては軽比率50％を超えます。日産は40％以上、ホンダと三菱は50％以上です。

鈴木修（以下＝修）：私も統計はつねに見ています。たしかに各社さんとも軽比率が高くなっている。一時期、軽自動車不要論のようなものがありました。25年くらい前でしたかね。しかし、どっこい軽は生きている。

T：軽を大事に育ててこられたのは修さんですから。人それぞれの使い方に合った商品の提案を行ない、それによって軽は多様化しました。僕は長い間自動車産業を見てきましたが、いまやトヨタと日産も軽を売っています。たしかに軽は日本だけのローカル規格ではありますが、我々メディアの仲間の間でもずっと言われてきたことがあります。〝鈴木修さんの目が黒いうちは、軽は絶対になくならない〟と。

修：うん。私が引退しても軽はなくならない。なくなるわけがありません。小さいということは、大変に良いことです。

T：いまの日本の自動車市場のなかでの軽のポジションは、そのルーツを探ってゆくと、やはり1979年の初代アルトに行き着きます。

修：そう、1979年に出しましたね。

T：アルトの新車発表会には私もお邪魔させていただきました。当時の名言、憶えていますよ。「アルトきはレジャーに」「アルトきは通勤に」と。いま風に言えば…

修：マルチパーパスね。

T：そう、マルチパーパスです。当時は社長に就任されたばかりでしたね。あのアルト以降、スズキのトップとしていろいろヒット商品を手掛けてこられてきたなかでも、やはり原点はアルトだと私は思うのです。社長になられる前の常務時代にはホープ自動車からジムニーの製造権を買い取り、そのジムニーもその後にヒットしましたが、１９７０年代の軽自動車市場はまさに逆風の中にあったと記憶しています。当時はまだ鈴木自動車工業という社名で、データをたどれば１９７１年から１９７５年の５年間は鈴木自工の国内販売台数は前年比マイナスでした。

修：そうでした。１９７０年度の国内軽市場は１２３・５万台。それが75年度には56・6万台まで減ってしまいました。73年の第1次オイルショック、それと75年・76年（昭和50年・51年）の排出ガス規制です。そのふたつによる影響が大きかった。大変な時代でした。

T：１９７０年発売の初代ジムニーについてもお聞きしたいのですが、ジムニーの元になった「ホープスター」の製造権をホープ自動車から買い取ることになったきっかけは何だったのですか？

修：私はアメリカで大赤字を出して、日本へ帰ってきたのはいいけれど浜松の本社へは戻りにくい。で、東京駐在となったわけです。仕事はしなくていいと言われた。遊んでいてくれて構いません、と。実際、仕事はさせてもらえなかったのです。そのときに飲み友達になったのがホープ自動車の小野定良社長だったのです。それと通産省（現経済産業省）、運輸省（現国土交通省）の若手官僚の皆さんと知り合うことができました。やがてみなさん、課長クラスに出世されました。小野さんと、若手官僚との出会い、このふたつが、私が東京で得た財産です。

インタビューは2021年株主総会の前、鈴木修会長が会長職を退く直前に行なわれた。インタビュアーは佃モビリティ総研代表の佃義夫氏。元日刊自動車新聞社社長であり、鈴木修氏との最初の出会いは専務時代。そこから社長・会長時代を通じて、おそらくもっとも多くの取材をこなしたジャーナリストだろう。気心知れた間柄である。今回のインタビューは、経営者鈴木修とジャーナリスト佃氏の最後の公式インタビューだった。

T：東京駐在で貴重な人脈を築かれたのですね。当時、小野定良さんとはかなり付き合われたのですか？

修：一杯飲み友達です。

T：小野定良さんといろいろ話をされるなかで、当時の鈴木自動車工業常務だった修さんが製造権を取得して、初代のジムニーへという流れですね。

修：半ば私が脅迫したようなものです（笑）。たしかに軽の4輪駆動車というのは、当時としてはおもしろい存在でしたが、ホープは「ホープスター」を67万円で売っていました。当時のスズキ・キャリイトラックは31万円（L40）です。高すぎじゃぁないですか。スズキで作れば安くできますよ、と。小野さんは気っ風のいい方で、じゃあ権利を売ろうかな、と。

T：当時、修さんは代表権を持っていらっしゃらなかったわけですよね。

修：持っていなかった。失格常務でしたから（笑）。

T：よくやりましたね。その話がなかったらジムニーは世の中に出ていないでしょう。ホープスターのまま消えていたかもしれません。

修：売れましたよ、ジムニーは。当初営業は年間の販売予測を３００台としました。しかし、実際には1年目から年間６０００台以上販売することができました。営業の予測数字の20倍にあたります。利益は26億円でした。アメリカで自分が出した赤字を帳消しにできました。ちょうど、この部屋です。實治郎さん（3代目社長・鈴木實治郎氏。１９７3年5月〜78年6月に社長、78年6月〜83年6月に会長）に「赤字を出して、お釣りがくるくらい儲けることができました」と報告したのは。

スズキ歴史館の展示。初代アルト発売時の「モノの値段」がわかる。出始めのビデオデッキは28.9万円、ステレオラジカセは7万円強。軽乗用車も60万円代半ばだった。そこに47万円の軽自動車が登場したのである。

T：よくそういう細かい数字を憶えておいでですね。幾度となくインタビューさせていただきましたが、いつも驚かされました。古い話でも、修さんは数字をよく憶えていらっしゃる。さて、いよいよ本題のアルトですが、本来はもう少し早く発売する予定だったそうですね。

修：私は78年6月に社長になったのですが、アルトは78年に発売する予定で準備を進めていました。ところが77年に創業者が病床に伏す、2代目の親父が亡くなる、3代目の實治郎さんが11月に脳梗塞で倒れられた。この1977年（昭和52年）10月頃にはめちゃくちゃ事件が起きましてね。私はこの年に、〝来年は社長にならざるを得ない〟と覚悟しました。当時私は47歳でありました。社長就任は48歳です。アルトは私が社長になって第1号になるはずだから、すでに進

スズキ歴史館で佃氏と一緒にアルトを見ながら、鈴木修会長は時折ふたりで何か話をしていた。過去に筆者は、修氏の「おい、佃くん」を何度も聞いた。そんな記憶が蘇る。相談役となった修氏はいまでも毎日、元気に出社している。

んでいた開発にストップをかけたのです。

T：そこからアルトやり直しプロジェクトが始まったわけですね。

修：軽がまったく売れない時代に、既成概念でアルトを出したらどうなるだろうか、と思ったわけです。そこでマーケット調査をやりました。調査といっても、私の「勘ピューター」ですがね。まず大須賀工場へ行きました。そのころは午後3時から2交代目の勤務が始まるので、1勤が会社から家に帰る前に2勤の従業員がやってくるのです。見ていたら、キャリイ・トラックで通勤してくる従業員が何人もいたのですよ。その従業員に、なぜキャリイで来るのか尋ねたのです。

T：大須賀工場は掛川ですね。浜松の本社からはだいぶ離れています。

修：給料が安くてしょうがないと従業員から

言われました（笑）。奥さんが農家をやっていたり、小売のご商売だったり、雑貨屋をやってらっしゃったり、そういう従業員が多かった。なので、軽トラックと乗用車の２台持つわけにはいかないから軽トラックなのだ、と。家は兼業農家だという従業員は、土曜日曜には農業をやり、会社の夏休みにも農作業をやると言っておりました。通勤にも軽トラックを利用して土曜日曜日に軽トラックで農作業をやる、と言いました。我慢して乗っているのですよ。給料上げてください。そう言われましてね……。私は、貨客兼用車を作ったならば大いにウケるだろうと思ったのです。

T：そこがボンネットバンの発想の原点ですか。

修：そう、ここがボンネットバン「アルト」の、発想の原点です。トラックで通勤しているのは、我慢して、恥をしのんで乗っている、と。

T：従業員の方々もスズキのクルマのお客さんですからね。

修：それともうひとつは、私の社用車の運転手の話です。当時はトヨタさんのクルマに乗っていましてね、デラックスというグレードでした。スタンダード、デラックス、スーパーデラックスがあったのですが、あるとき、運転手がとなりのクルマをちらっと見ているのです。何をしているのかと思ったら、「スーパーデラックスですよ、あれは」と言うのです。「社長のこのクルマは安いクルマです」と。ああ、そういうところが気になるのか、と思いました。車名は同じでも高いクルマと安いクルマがあるからです。

T：従業員の方から「恥ずかしいけれど軽トラックに乗っている」と聞き、運転手さんから「社長のこのクルマは安いクルマです」と言われ、貨客兼用車をシングルグレードで発売するという発想に至った

わけですか。たしかに軽トラックは使い勝手が非常に多様なマルチパーパスカーです。初代アルト発売当時、我々メディアは「荷台の付いたトラックではなくバンでマルチパーパスを狙う。軽ボンネットバンを乗用車的に展開した」と受け止めました。

修：商品企画の盲点をついたというわけです。軽乗用車には15・5％の物品税が課せられていました。50万円のクルマだと7万7500円も取られます。商用車にすればこれをカットできます。それと、虚栄心を張らなくて済むワングレードです。

T：もうひとつありましたね。全国統一価格です。当時は工場から販売地域までの輸送費が上乗せになっていましたが、アルトがそこにメスを入れました。画期的でしたよ。

修：運賃を平等にしただけです。当時、スズキの販売台数全体の65％は、東は東京近郊まで、西は大阪圏まででした。アルトが売れて東京・大阪圏が7割以上になり、北海道や九州、沖縄は3割を切り、じつは、結果的に運賃は助かったのです。

T：本来は1978年に発売する予定だったアルトには、修さんが考えたアイデアは注がれていなかったわけですか。

修：もうあらかたできていたものをひっくり返して、会議で「エンジンを取ってしまえばいい」なんて私は言いました。発想としてね。部品原価35万円なら小売価格45万円にできそうだと思っていましたから。エンジンは、のちに会長になる稲川さんの担当で、私はその稲川さんに「エンジンを取れないか」などと言ったわけです。呆れられました。スペアタイヤを取れとか、特殊工具を使うなとか、いろいろ注文をつけました。プレスの金型ができ上がっているものはダメです、そういうところは大してコストを削れませんと反論されましたが、じゃあ代わりに後部座席の背もたれを合板にして、フロアマットは薄っぺらくして……なんていう話も出てきました。いろいろと設計変更を命じたのを憶えています。いまはいい思い出です。

新車発表会での名演説

T：社長に就任して最初の新型車がアルトで、いろいろと思い切った策を講じて、市場の反応はどうでしたか？

修：発売する前に販売計画を決めるのですが、営業の若手は月３０００台売ると言い、営業部門としては月３５００台がギリギリの線だと言い、技術陣は「こんなものは月１５００台売れたら御の字だ」と言い、私は５０００台売ってくれと話をした。５０００台か、３５００台か、技術陣が言うように１５００台か。東日本は東京で、西日本は京都でそれぞれ5月に特約販売店（副代理店・以下、副代理店）大会を開き、出席してくれた方々に6～8月の3カ月で何台売っていただけるかを伺ったのです。「どうか無責任な発言をお許しください、どれくらい売っていただけるでしょうか」と尋ねました。すると、東京も京都も1万５０００台余でした。合わせて3万台余、すなわち月1万台です。（注・副代理店とは、全国の自動車整備工場などスズキ車の販売を行なっている販売店のうち、スズキが認定した販売力、整備力に優れた販売店のこと）

T：販売店の皆さんは、実車を見てピンときたのでしょうね。全国一律の47万円という値段の印象も強

烈だったはずです。正直、我々メディアも驚きましたよ。47万円には。

修：嘘八百の話が半分だと見れば3カ月で1万5000台、月に5000台売れるだろうと見込みを付けました。すると、6月に1万台の注文を受けたのです。これは大変なことになったということで、増産しなければなりません。6月の梅雨の時期に工場の壁をぶち抜いて、トラックの幌にするシートをたくさん買ってきて壁代わりにして、なんとか月産1万台になるよう設備を拡張しました。これも思い出ですね。

T：当時記者だった私が憶えているのは、新車発表会での名演説です。すっかり有名になった「アルトきは……」です。

修：あの「アルトきは……」は、京都での副代理店大会の前日においでになった、ある下請けの奥さんのお話がヒントなのです。その奥さんの話を伺いますと「高度成長になって主人が不品行ばかりで困っております。あるときはこんなことをやらかしました。またあるときはこんなことがありました。社長から注意してやってもらえませんか」と訴えられるのです。私はそれを聞いてひらめきました。「アルトきは病院に、アルトきはお買い物に……」と。アルトという名前の由来は、イタリア語の「秀でた」なのだと私は聞かされておりましたが、こっちのほうが面白いじゃないかと私は思い、翌日の副代理店大会では「アルトきは」の話にしたのです。

T：そこからの名言なのですな。「アルトきは通勤に」「アルトきはレジャーに」「アルトきはお子様の送り迎えに」……という話でしたよね、たしか。

修：すり替えたんですよ。

T：その「アルトきは……」のなかに出てくるストーリーで女性層を開拓できたということもあるでしょう。当時は、女性の運転免許取得が急激に増えていました。いまの世の中は、奥さんと娘さんが軽に乗っています。初代アルトの成功が鈴木自工の姿を変えていったと言えます。

修：そのあとにGMとの提携という話が飛び込んできました。GMはリッターカー（1000ccクラス）を作りたかった。すでにGMと提携していたいすゞさんが「スズキはどうか」と推薦してくれた。じつはもう1社、いすゞさんが推薦したメーカーがあったのですが、そこには断られてしまった。ウチにとってはグッドタイミングでした。アルトの次はリッターカーだと考えていました。

T：そのGMとの資本提携の記者会見はホテル・ニューオータニでした。あの会見にも私は出席していましたが、ふたたび名言が飛び出した。

修：あれですか。蚊の話ですな。

T：飲み込まれないように飛んでいくんだ、とね。現場で聞きました。

修：GMは当時、世界最大の自動車メーカーでしたから、スズキとはあまりに規模が違いすぎる。だから新聞記者のみなさんは「飲み込まれるんじゃないか」と心配してくださった。咄嗟に私は「GMはクジラです。スズキがメダカなら飲み込まれてしまうが、スズキなんてメダカより小さい蚊のような存在です。鯨がパクッと口を開けて飲み込もうとしても、蚊なら空へ飛んで逃げられる」と答えました。現場で考えたアドリブです。

T：ああいう質問に対して、いつもさっと答えが出てくるのが修さんでした。ほかの会社のトップとは違う。やっぱり修さんはスゲェなあと思いましたね。その後も、ああいう「オサム語録」がいろいろあ

りましたが、蚊の話は結果的にＧＭとスズキの資本提携の本質部分だったなぁと、いまにして思えば実感するわけです。沈みゆくクジラの背中から、蚊は飛び去った。

ＧＭ、インド、ハンガリー…みんな丸く繋がっている

修：スズキとＧＭの資本関係が解消されて、すでに14年経過しているわけですが、私の引退に際して現職のメアリー・バーラ（ＧＭのＣＥＯ＝最高経営責任者）さんがレターをくれましてね。ほかにもジャック・スミスさんとリチャード・ワゴナーさん（両方ともＧＭのＣＥＯ経験者）からレターをいただきました。感激です。ワゴナーさんとはご自宅で一緒に料理したりもしましたが、バーラさんとは会ったことがありません。でも、レターをくださった。

Ｔ：修さんはつねづね「ＧＭは師匠」と言っておられましたが、ＧＭにとってはスズキが「小さなクルマ」の師匠です。世界のトップメーカーといえども、自らの苦手分野を知っていたからこそＧＭは、スズキの位置付けを尊重しながら、長きにわたって提携関係を続けてきたのだと、僕らは見ています。

修：ＧＭには、いろいろと自由にやらせてもらいました。たとえばカナダのＣＡＭＩ（カナディアン・オートモーティブ・マニュファクチャリング・インク）は、工場のレイアウトは全部スズキに任せると言われて、ワンフロアにしました。社長、生産やら財務の副社長がみんな個室を持っているのがアメリカ流でしたが、個室から出ようというコンセプトにして、個室はガラス張りにして、外から見えるようにして、余った個室をミーティングルームにして、マネージャーは部屋の外に出なさい、と。

T：そのスズキ流というか鈴木修流に、GMがひと言も文句を言わずに従った。それが信頼関係だったのだろうと思います．

修：人間は誠実にやるべき。資本提携も心と心、ハート・トゥ・ハートでやるべきだと、しみじみ思いますね。インド政府は首脳がわざわざGMに聞きに行ったのです。ハンガリーはインドに聞きに行ったんです。スズキという会社は信頼できるか、と。

T：なるほど、すべて繋がっているのですね。

修：はい。GMも、インドも、ハンガリーも繋がっています。

T：そのベースになったのが初代アルト。アルトがあってこそのインド進出だった。

修：インドのマルチ・ウドヨグでは、アルトのエンジンを800ccにしました。その前に、GMとはリッターカーを始めています。GMのリッターカーがインドを動かし、インドの800ccがハンガリーを動かした。それが歴史です。インドとは揉めたこともありますが、大切な親友にありますから、ゆっくり技術移転をしながら、マルチをインドに合った会社にできるよう、教育もしてきました。その甲斐あってインディラ・ガンジー首相は「スズキはインドの労働文化を変えてくれた」と言ってくださった。いまのモディ首相が「インドに住みませんか？」と薦めてくださった。一時期は、インド政府がマルチの社長人事に横槍を入れてきて、私はその件を国際仲裁裁判所に訴えましたが、幾多の辛苦を乗り越えて友好的な関係になりました。話せばわかる。話せばわかるということです。

T：インドのマルチ・スズキはいまやスズキの子会社ですから、これから先はアフリカ向けの生産拠点としても活用できるでしょう。トヨタと共同でアフリカ市場を開拓する件は2018年に発表されました。

トヨタはマルチ・スズキに期待しています。それと欧州です。１９９１年にハンガリー進出を決めた。
修：インドで生産したマルチ８００はアルトがベースでしたが、ハンガリーはスイフトで生産に入りました。ヨーロッパに拠点を置く以上、ヨーロッパでは新しいものだけでなく古いものにも価値がありますから、古典的で古風な歴史ある感覚でいったほうがいい。ヨーロッパのこじんまりとした乗用車は、どこか古風で落ち着いています。
T：最初はハンガリーではなく旧ユーゴ・スラビアとのプロジェクトだったと、以前伺いました。いま思えばハンガリーで正解だった。これは運でしょうね。全部がまるく繋がって、いまのスズキがある。話をアルトに戻しますけれど、アルトそのものがいろいろな意味で、スズキというブランドにとっても経営的にも大きく流れを変えて、鈴木修体制のなかで四輪事業をしっかり確立してゆく基礎になった。軽規格そのものも３６０㏄から５５０㏄、さらに６６０㏄へと拡大され、その過程でワゴンＲとかハスラーとか、新たな市場を開拓する商品が出ていく。その原点がアルトであることは確かです。
修：そのとおり、原点であります。原価という困難にチャレンジしたのがアルトです。挑戦です。これから先のことを思えば、アルトは電動化です。ガソリンと電気モーター、あるいは電気モーターだけ、それと電池。こういう変わり方になりますね。初代誕生のときは苦難の体験でしたが、アルトでのチャレンジは、電動化にしてもスズキの伝統でチャレンジしていきます。
T：何から何までＢＥＶ（バッテリー・エレクトリック・ビークル＝外部から車載バッテリーに充電する電気自動車）っていう状況がいま、記事の見出しにもなりやすいのですが、電動化にもいろいろあるはずで、内燃機関でも、たとえば水素エンジンなど燃料の革新だってあります。逆に新興国市場ではＢＥ

V化によるコストアップは受け入れがたい。まだまだステップが必要かと思います。昨日の会見で会長が語った「電動化急務」という発言は大きな見出しになりました。会長はすべてBEVとおっしゃったわけではなく、当面はPHEV（プラグイン・ハイブリッド・エレクトリック・ビークル＝外部からの充電でも走れるだけのバッテリーを積んだハイブリッド車）あたりが需要的には有望というようなお話をされていました。いずれにしても電動化はこれから見届けなきゃいかんでしょ。

修：初代アルトはスズキの経営形態をひっくり返しました。オートバイから4輪車に事業の軸が移るということは大騒ぎだったのです。こんどはエンジンをモーターと電池にひっくり返すチャレンジです。為せば成る、やる気でやる、飽くなき挑戦の歴史は、織機からオートバイ、オートバイからアルトを経由して4輪車、今度は4輪車の電動化をクリアすれば何のことはない。これで私はピッチャー交代です。

T：軽をBEVにするとなると、エンジン排気量の規定から逃れられますね。

修：小型車は馬力が足らないと排気量を大きくする。軽は660㏄で、いまでは120㎞／h以上で走れます。しかし、エンジン排気量が660㏄を1㏄でも超えてしまうと軽自動車とは認められません。

T：その意味では電動化はおもしろいと思います。

修：軽も二極化して、高いほうは240万円です。Aコース、Bコース、Cコース……いろいろありますが、割り切った仕様も必要です。倹約です。

T：日本市場全体の倹約ムードが、冒頭に僕が言ったような軽比率に現れていると思います。ホンダは今年（2021年）に入って軽比率50％超えです。日産も40％台です。一時期、スズキが日産のインド事業に協力するとか提携するとかいった話も流れました。

修：日本の4輪車保有台数のメーカー別首位はトヨタ、2位はスズキなんです（＊2021年3月末現在。全軽自協、自検協データに基づくスズキ調べ）。保有台数が1000万台を超えているのはトヨタ、スズキ、ダイハツ、ホンダの4社です。スズキは保有母体が大きい。

T：地元市場で保有母体が大きいというのは強みです。

ときに昔話や、雑談や、ゴルフの話を交えながらインタビューは続いた。思い起こせば、私・牧野茂雄が初めて鈴木修社長にインタビューしたのは、佃氏のお供だった。日刊自動車新聞社編集局第3部のキャップが佃氏で、私はまだ入社2年目くらいだった。

「スズキの社長インタビューだ。お前も一緒に来るか？」

そう誘われて、大京町にあったスズキ東京支店でインタビューに同席した。企業人としての鈴木修氏に会うのはこれが最後だ。最初も最後も、佃氏と修氏の会話を傍らで聴く役割であり、だから私はこのインタビューを佃氏に依頼した。私が経団連記者クラブ詰めになってからも、修氏のインタビューは佃氏に「いらっしゃいませんか？」と声をかけた。その理由は「内緒話」への期待だった。

修氏はよく「これは書かんでくれよ」と、佃氏に内緒の話をした。それを私は、何度もとなりで聞いた。私がいても内緒話をしてくれたということは、一応、佃氏の弟子として私のことを認めてくれているからだろうと思った。

軽のBEVの話題が出たところで、私は1枚の絵をささっと描いて修会長に差し出した。「こんなのいかがですか？」と、フレームに電池と電動モーターとサスペンションを組み込んだ軽ＢＥＶである。修氏はその絵に「排気量は？」「寸法・重量の想定は？」と質問を書き込んだ。

牧野（以下＝Ｍ）：軽の電気自動車です。ジムニーのようなフレーム方式でＢＥＶを作ったら売れるような気がします。

修：いまでもジムニーは世界中で売れています。

Ｍ：ガソリンスタンドがない場所も、世界にはたくさんあります。ジムニーでガソリン車も電動車も選べるようになったら良いのでは、と思うのです。

修：可能性はありますね。ナポレオンの辞書には不可能という言葉はありません。ガソリンは電池とモーターに変わっていって、23世紀になったら小さな原子力電池でしょうかね（笑）。

もう少しわかりやすい絵を描き、修会長に渡した。少し眺めてから「これ、いただいておきます」と言い、手元に置いた。何かメモを書いている。読みやすい筆跡で大真面目な字だ。そういえば修会長の直筆を見たのは初めてだ。ふたたび佃氏にバトンタッチ。

Ｔ：先日お会いしたとき、会長は「51の成功と49の失敗があった」とおっしゃっていました。しかし、社長に就任して初代アルトを発売する前に、さきほど話が出たホープ自動車からジムニーの製造権を買い取り、ビジネスとしても成功させています。トヨタからのエンジン供給を直接交渉されたのも、当時常務だった修会長だった。アメリカから帰国したあとの東京駐在の時代には、実質的にはもう社長だっ

た。

修：いや、失敗常務です。でもジムニーはしっかり儲けました。

T：スズキの社長としては4代目鈴木修ですが、実質3代目だという見方ができるかもしれません。それと、会長に就任したあとでふたたび社長兼務になりました。GMが保有するすべてのスズキ株をスズキが買い取ったあとでした。

修：GMには本当にお世話になりましたが、基本的にはビジネスです。GMのCEOだったジャック・スミスさんもリチャード・ワゴナーさんも有名大学を出たエリートです。「上から目線」と「揉み手」の両方で、出資比率に見合うノウハウを提供させることが基本姿勢です。私は飛騨の農家の生まれで、苦労して大学を出ました。

T：エリートより苦労人同士のほうが気が合いますか？

修：それはありますね。でも、GMは私にとっての家庭教師だったのかもしれません。スズキが幼稚園児でGMは大学生の家庭教師。あるいは師匠と弟子。

T：それでもGMとは長い付き合いをして、GMもスズキの存在をしっかり認めてくれたわけです。さきほども言いましたが、GMにとってスズキは「小さなクルマ」の師匠だったのですから。

このあともインタビューは続いた。私が描いたラダーフレームBEVの絵に興味深く見入る修会長は、いまでもやはり経営者的思考である。つねにスズキのための商品を探している。1978年6月の社長就任以来、鈴木修氏は重い経営責任を背負いながら、スズキを少しずつ大きな会社にしてきた。その、社長としてのスタートがまさに、初代アルトのプロジェクトだった。経営の第一線を去る間際に、42年前の初代アルトやGMとの提携、インド進出、ハンガリー進出などについて「憶えていること」だけを語っていただき、私自身のなかにいままでにはなかった鈴木修像がふっと浮かび上がった。

「社長就任以降の鈴木修氏が自らに課した課題は、自分が背負う重圧を少しずつ軽くすることだったのではないか？」

それはそのまま、スズキの売上高と利益と生産台数を増やすことであり、ときには臆病なまでに堅実に、ときには運を信じてジャンプし、得た利益はどんなに小さくても必ず投資に回す。小さな利益であっても、それで買えるだけのモノや人に投資する。これがうまくゆけば会社は少しずつ大きくなれる。大きくなればまた、大きくなったぶんの重圧が増えるのだが、一歩前に進めたことのほうが修氏にとっては重要だったのかもしれない。自分への重圧は、イコール会社への重圧。おそらく、そう考えていたであろう鈴木修氏にとって、つねに会社と自身は一心同体。だから自己保存本能が自然と重圧への抵抗値を下げるよう作用し、つねに最善の策を求める。１９７８年の社長就任から２０２１年の今日まで、これを毎日続けてきた。鈴木修氏の仕事を、私はそんなふうに感じる。

その行動力の源は、初代アルトの成功体験だろうか。

第 二 章

初代アルトの開発・設計

当時の開発エンジニアが語る「初代アルト」

「修さんはエンジンを取ったらどうかと言った」

初代アルトはどんなクルマだったのか。

これを検証するため、当時のエンジニアの方々にご参集いただいた。開発が始まったのは１９７６年ころだった。すでに45年前のことであり、おそらく記憶は薄れているだろうと私は予想した。しかし、話をし始めると、当時の記憶がどんどん蘇り、それぞれの記憶を付き合わせ、時系列を確認しながら回想が進んだ。

「５分の１で基本レイアウトを作ったのは１９７６年だった。夏ごろから始まったように思う。アルトは、その前のフロンテのＲＲ（リヤエンジン・リヤドライブ）エンジンを、左右逆にしてフロントに載せたもんだから、マフラーがグリルの前にきてしまう。最初のレイアウト図はそうだった」

猪塚《いづか》建《はじめ》氏はこう語る。１９５９年に入社し、研修後すぐに四輪設計部に配属された猪塚氏は、ＲＲ方式の「フロンテ３６０」やトラックの設計を担当し、１９７１年発売の「フロンテクーペ」を経てアルトのチームにやってきた。

「こんなレイアウトじゃとても商品にならないと思っていたら、図面を見た内山さんから、センタートンネルに排気管を通す方式にしてほしいと言われ、やり直した」

これを受けて吉村等氏が補足する。吉村氏は、のちに鈴木自動車のデザイン部長になった方である。

「そう。猪塚さんがレイアウトを作って、それをベースにボクが5分の1の四面図を描いた。それが1976年の11月だった。なぜ憶えているかというと、ようやく図面が完成してやれやれと思っていたら息子が生まれたからね。翌年に原寸モデルができた。当時はいまのようなクレイモデルではなく、木材でインテリアもエクステリアも作る、実物大モックアップだった。しかも、車体の中心線で左右違うクルマだった。片側は4ドアのフロンテで、反対側が2ドアのアルトだった」

軽自動車は全長・全幅・全高とエンジン排気量の上限が法規で決まっているため、規格目一杯の全長にするのであれば、全部の軽自動車が同じ長さ×横幅になる。経費節約のためにこういうモックアップになった。

「ところが、この実物大モックアップができたあとで、修専務から『このクルマは商用車にしてくれ』と言われたのですよ」

この頃、鈴木修専務（当時）はアルトの商品企画を一から見直すことが必要であると考えていた。軽自動車が売れなくなっ

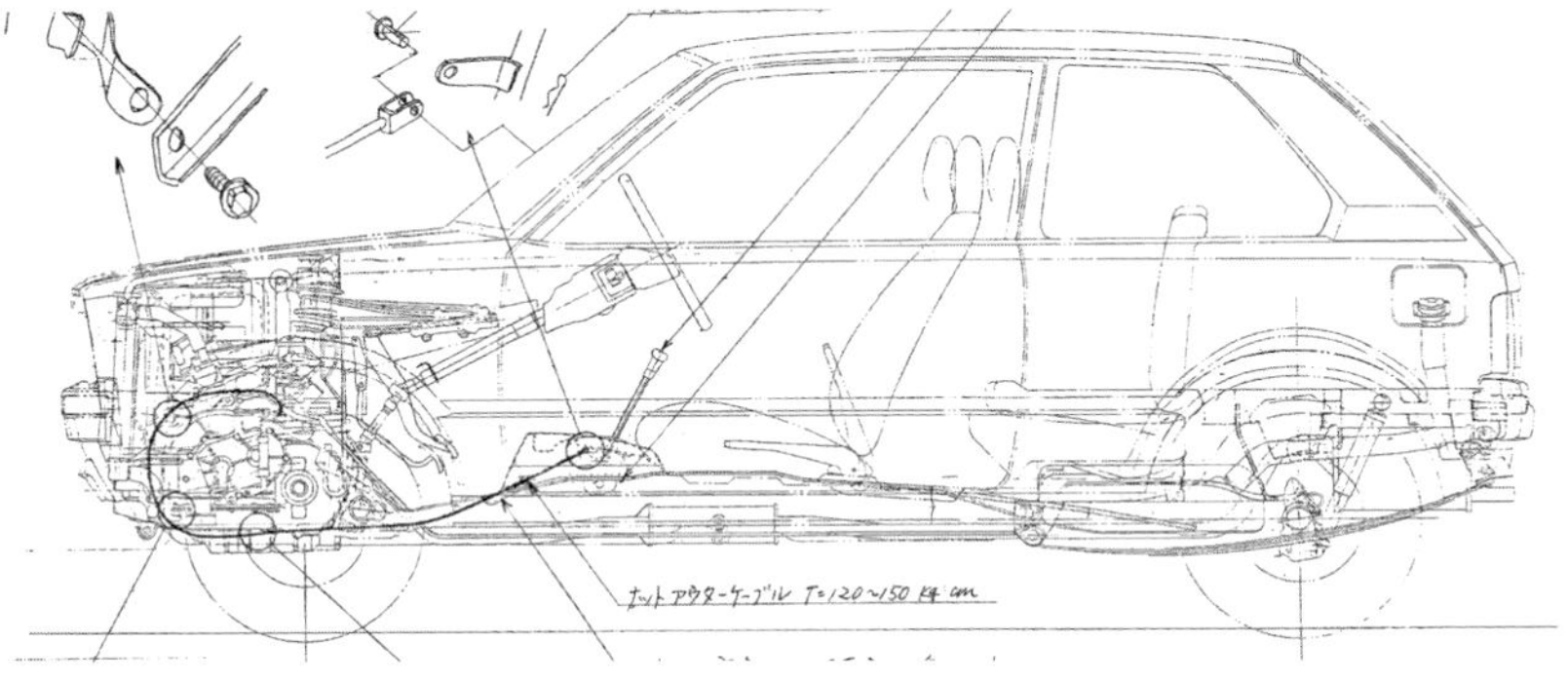

この側面図は1980年5月に追加設定された2速AT仕様。基本的なレイアウトはMT車と変わらない。エンジンルームはかぎりなく小さい。

ていた時期にありきたりの商品を出しても意味がない。本書冒頭のインタビューでも語っていたことだ。当時を振り返って。内山氏はこう言った。

「スズキの軽自動車全体が月販1万3～4千台だった。当時の修専務はこの数字に危機感を持った。なんとかしないと会社は潰れる、と。それにはまず次のクルマをどうするかを徹底的に議論しなければならない。そこで湖西の研修センターに部長と役員を集めた。土日に泊まり込んでブレーンストーミングをやった。そのとき修さんが『スペアタイヤを取れないか』『シートを外せ』『タイヤはなくてもいい』とかいろいろ言ってきて、挙句には『エンジンを取れないか』と、極端なことを言った。もちろん、そんなことができないことは修さんもわかっている。わかっていて言ってたのですよ。徹底的にコストダウンする。それをテーマにブレーンストーミングをやった。何カ月かやった」

ときに目を閉じながら、内山氏はこう言った。

「そのブレーンストーミングのなかで、修さんはエンジンを取ったらどうかと言った。ボクは修さんの性格がわかっていたから、例えとして言っているのだろうと思った。修さんは技術者じゃない。でも自分の気持ちを表現するときは極端な言い方をする。会議にいた全員がわかっていた。必死なんだな、と。『あんな発言、相手にするな』と思った人は誰もいなかった。そこはみんなわかっていた。会社の存亡がかかった危機感からの発言だということをね。それくらい修さんは真剣だった。修さん自身も『いまのは冗談だ』などと笑い飛ばすこともなかった。普通のやり方ではできないぞ。お前らわかっているだろうな。そういう発言だった」

まったく新しいクルマにするためにレイアウトからやり直した

いっぽう、弁天島のスズキの保養所「スズキ荘」には課長以下が集められ、同じテーマを話し合っていた。これも修専務の命令だった。それくらい必死だったのだ。猪塚氏が付け加えた。

「モデルができた後で、社長に就任される前の修専務から商用車企画で作るとか、コストダウンとか、検討はされていたとは思うが、実際に我々のところに降りてきたのは1分の1モデルができてからだった。それが1977年。修さんの社長就任は1978年ですね。すでにフロンテのインパネは決まっていたと思う。アルトはコストを下げたインパネを作ることになり、ボクが図面を書いた」

この発言を受けて荒木氏が言った。荒木稔氏は工業高校の機械科を卒業した後、家業である海運業を継ぐために船長見習いをしていた。航海中は暇なので、好きな自動車の本を読み漁っていたという。そのなかで、たまたまスズライトのサスペンションについての記事があった。「こうしたらいいのでは？」という改良案をスズキに封書で送ったら「今度、会社に寄ってみませんか」と誘われ、それがきっかけでスズキに中途採用された人物だ。

「まったく新しくレイアウトを作り直す。バンの法規を満たす荷物スペースを得るには、どういう配置にすればいいのか。そこに立ち帰らなければならなかった」と荒木氏。

続いて猪塚氏が言った。

「安くするには物品税のかからないバンがいい、と。それ以外は今までのレイアウトを踏襲する。バンにするためには法規要件を満たさなければならない。後席の乗車設備（シート）が荷室の設備の広さより

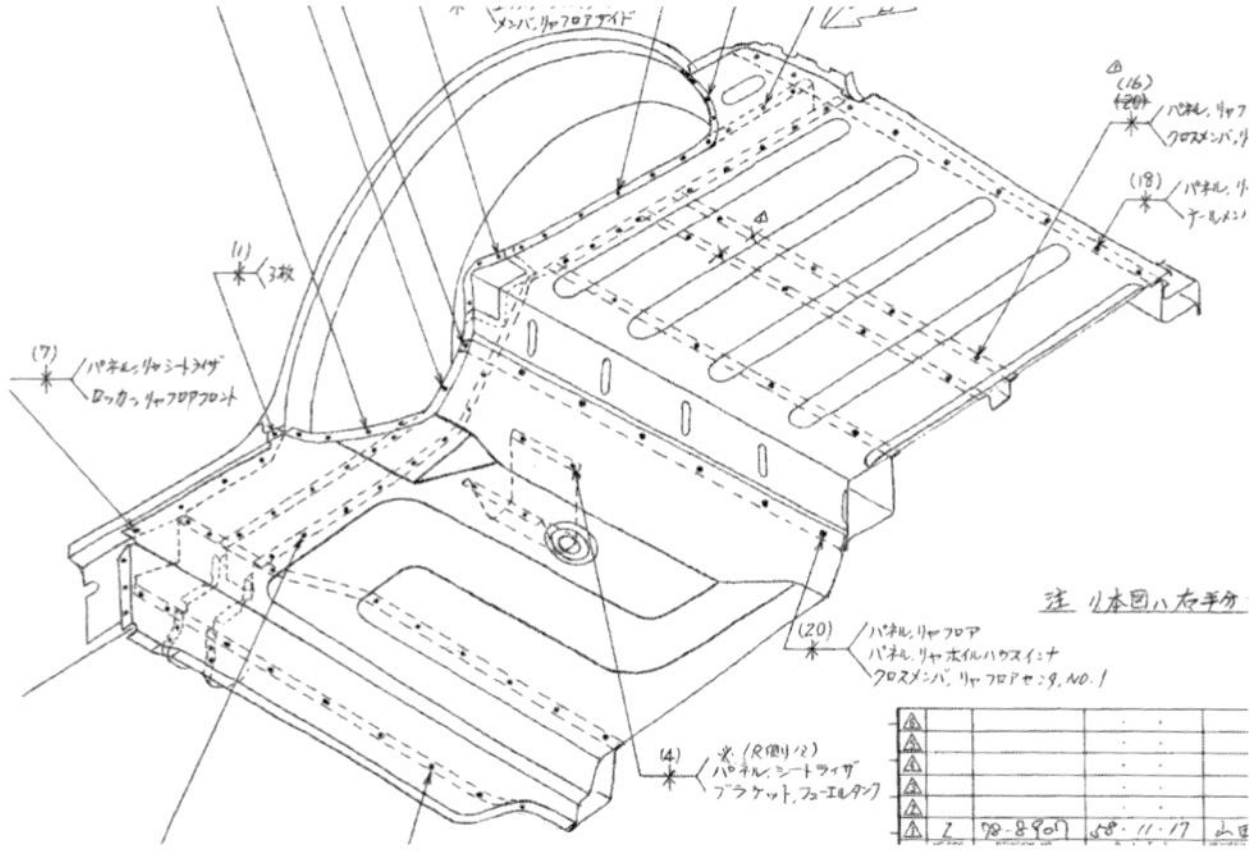

荷室の床面になるリヤフロアの構造（車体中心線で切ったもの）。リヤホイールアーチの前側、一段下がった部分に折りたたんだリヤシートの背もたれが乗る。

小さいことという規定がある。椅子は折りたためなければならない。全長は軽の規格で決まっている。ホイールベースは、当時の常識からすると、だいだいこれくらいと決まる。エンジンルーム、運転席／助手席。バンは前席のスペースより後方が広くないといけない」

荒木氏は初代アルトのパーツリストからのコピーを持参していた。真剣に眺めている。

「そう。パッケージングのスタートはＡＢＣ（アクセル／ブレーキ／クラッチ）ペダルからだ。そこからＨＰ（ヒップポイント）、シートバックのトルソアングル（角度）、ステアリングコラムの角度。すでに決まっていたものを動かさないといけない。前席のシーティング（着座姿勢）から考え直さないといけない」

内山氏が思い出したように発言した。

「そのために乗車設備はシートの後ろ側が基準になる。後席のシートバックを立てたんだね。そのあとになって、荷室部分のガラスを保護するバーの位置をどうしようかと考えた。横にすると本当にバンに

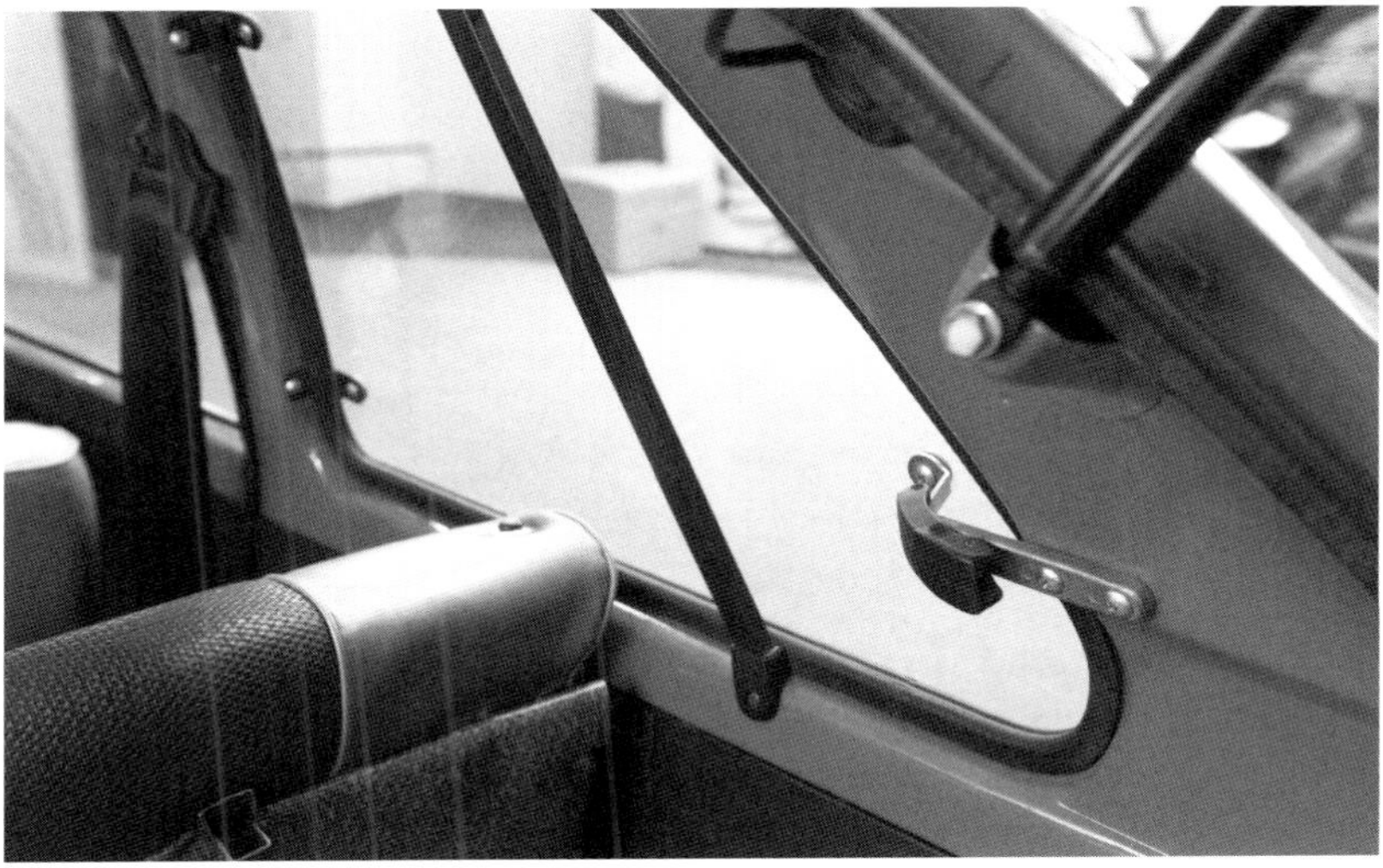

後席と荷室部分の側面ガラスには、商用車で装備義務になっているガラス保護バーを上下方向に１本入れてある。

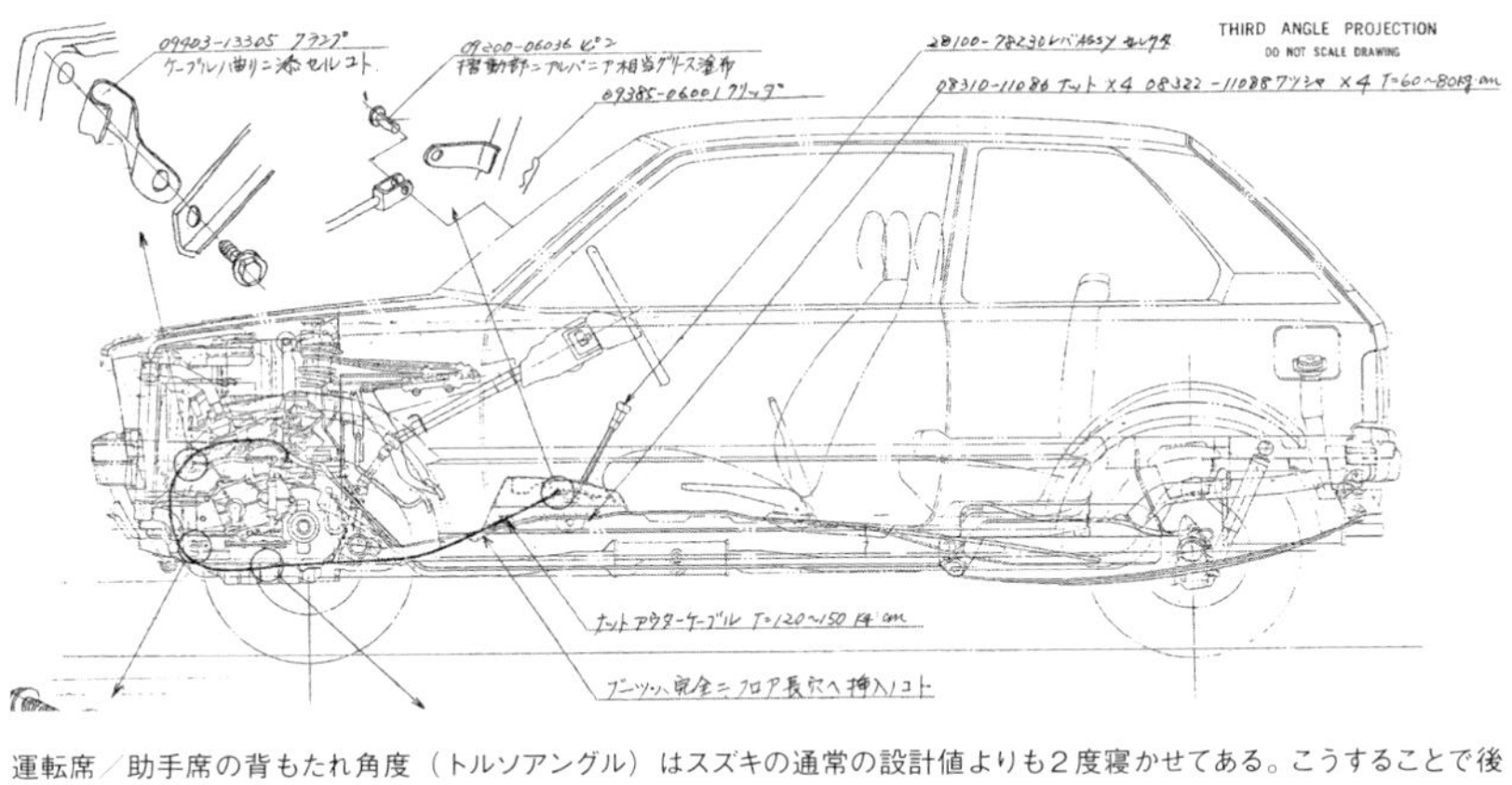

運転席／助手席の背もたれ角度（トルソアングル）はスズキの通常の設計値よりも２度寝かせてある。こうすることで後席スペースを狭くした。これも商用車要件である。

なってしまうから縦にしたんだ」

これは外観の写真で確認できる。ドア後方のガラスに、上下方向に斜めに入った黒いバーが見える。これがガラス保護バーである。この話をしているとき猪塚氏は、重要なことを思い出した。

「フロンテとアルトの前席シートは同じだった。トルソライン（運転者が座った状態で上半身を直立にした状態が0度。そこから上体を後ろに寝かせていったときの姿勢のこと）をほんの少し、フロンテの25度から27度に寝かせた。アルトはフロントシートのシートバックが少し倒れている。そのうえでリヤシートのシートバックを立てて、荷台の寸法を確保したんだ」

内山氏も思い出した。

「そうそう。軽のトルソアングル（上体直立からどれくらい後傾しているかの角度）は25度だった。FMC（フルモデルチェンジ）でもMC（マイナーチェンジ）でも、いやというほど検討してきた25度だ。これはスズライトの時代からだった」

猪塚氏が今度はエンジンルームに話題を振る。

「室内を広くしてほしいと言われて、どこをいじめるかというと、まずエンジンルーム。バルクヘッド（エンジンルームと車室を仕切る隔壁）をできるだけ車両前方に出す。定められた軽の寸法の中では、それしか手はない」

筆者が補足する。運転席に座って、クラッチペダルを奥まで目一杯踏んだときのかかとの位置を起点に、運転席の着座姿勢は設計される。かかとの位置とシートに座ったお尻の位置であるHPとを結ぶ線が基本になる。アルトの運転席シートには高さ調節機能が付いていない。座面の前後スライドと背もたれ（シートバック）のリクライニング（角度調節）だけだ。小柄な女性から大柄な男性まで、誰でもきちんと座って、ステアリングホイール（ハンドル）を握り、シフトレバーを操作し、スピードメーターもしっかり見えるように基本レイアウトを決めなければならない。

小柄な女性が運転席に座ってシートスライド位置をいちばん前に出すと、かかととHPの距離が短くなるため、ひざの折れ角を大きく（深く）した姿勢になる。シートスライドを目一杯後ろにしなければならないような大柄な男性の場合は、かかととHPの距離が長くなるから、ひざの折れ角が小さく（浅く）なり、足を伸ばした状態になる。この両極端の例も含めて、さまざまな体型の人の運転姿勢（ドライビング・ポジション＝略してドラポジ）に対応しなければならない。ペダル位置をなるべく奥へ（車両前方側へ）引っ込めるためには、バルクヘッドも同じ方向に押しやることになる。

現在のクルマなら、運転席座面の高さ調節や座面の前傾・後傾調節、ステアリングコラムの角度を調節するチルト機構、ステアリングホイール面を運転者に近付けるか遠ざけるかのテレスコピック（前後リー

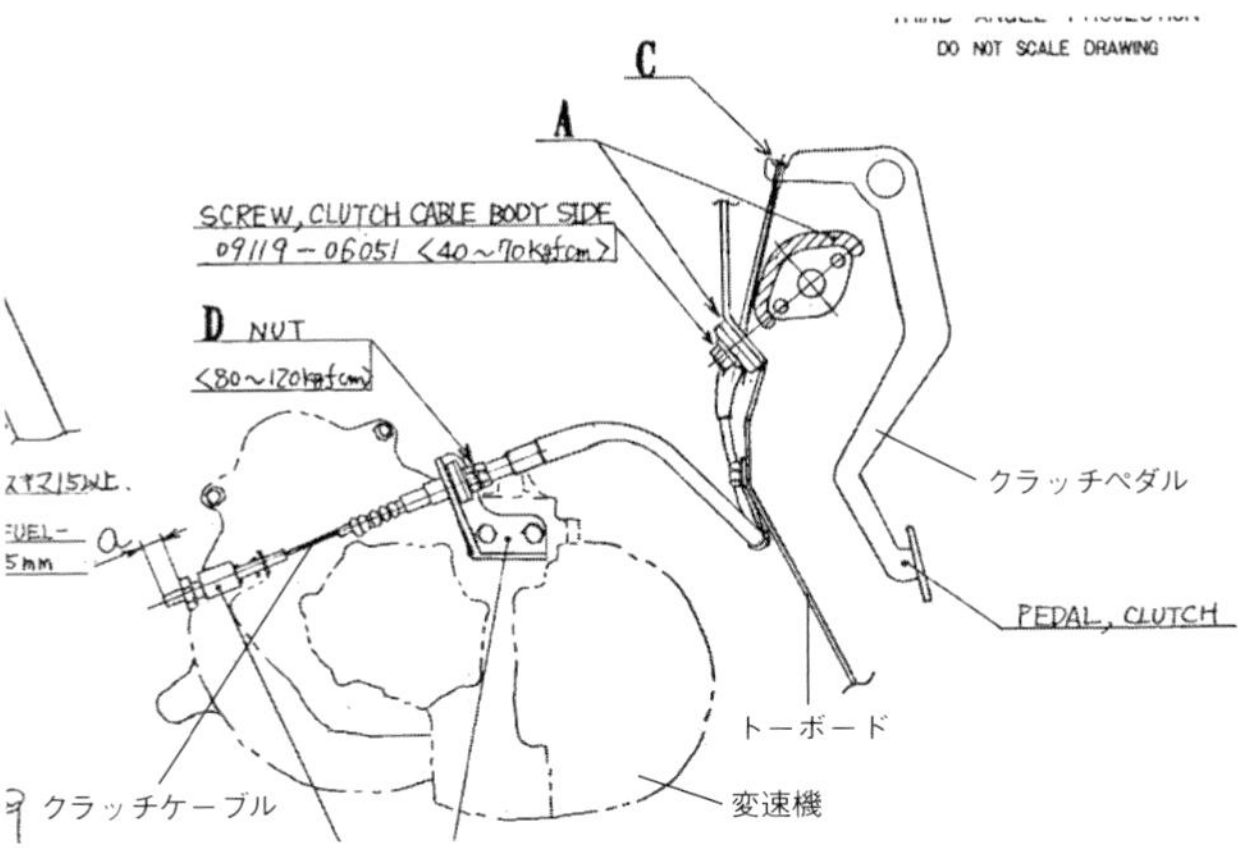

クラッチペダルを奥まで踏み込んだ位置でトーボードに干渉しないというレイアウト。

チ）調節などを使うことができる。当然、機能をひとつ加えればコストは上昇する。初代アルトは、こういう微調節機構に頼らず、しかし多くの人に不満のないドラポジを提供していた。そのレイアウトは猪塚氏が検討した。

すかさず内山氏。

「だから、エンジンはいつもいじめられた。エンジンルームはできるだけ小さく、と。キャリイFBのトラックは運転席／助手席シートの下にエンジンを置くセミキャブになったんだ。あれは荒木さんのアイデアだったよな」

荒木氏が答える。

「そうです。フルキャブも考えたが、衝突を考えてフルキャブにはしなかった。当時、ダイハツ・ハイゼットはボンネットトラックだったね」

そうだった、そうだった……と内山氏。

「あの頃は、衝突安全性よりも荷台の長さが重要だった。フロントエンジンのボンネットトラックでは荷台を長くできない。商品力がない。なんとかしなきゃということでセミキャブにしたんだね。キャリイが日本で最初だったな」

「アルト47万円」を実現した舞台裏

ここで筆者はみなさんに尋ねた。最終的に頒価47万円。では、原価目標はどうだったのか、と。内山氏が答えてくれた。

「いや、いくらいくらという数字は修専務は言わなかった。とにかく、やれるだけ。もちろん、当時作っていた軽にくらべれば相当な原価低減になるだろうということはわかっていた」

デザイナーの吉村氏が当時の内情を語った。吉村等氏は1971年の入社で、最後はスズキのデザイン部長を務めた。

「インパネは樹脂成形一体、ワンピースで作れ。それでも見栄えは考えろよ、と言われたなぁ。当時は2ピース構造のインパネが主流だったが、初代アルトは1ピースだった。コストをかけられないからです。で、計器板は速度計、水温計、燃料計だけ。ラジオは中央部分の下側に時計、シガーライターと並べた。この3つはオプションで、選ばなければブランクパネルになる。ワイ

柔らかめの樹脂を使った一体成形のインパネ。空調吹き出し口の下にあるラジオはオプション。

パーのウォッシャーポンプは手押し式だった。当時、乗用車はレバーだったけど、商用車設計だからね」

図面を描いた猪塚氏はこう言う。

「最初から樹脂一体しか考えられなかった。フロンテは安全面にも配慮してソフトパッドをのっけていたが、それはコストがかかる。スズキとしてはフロンテクーペ（1971年）が初めての樹脂一体成形インパネだったと思う。初代アルトはその経験を活かした。あとになって、カルタスを設計するときにGMが『この方式はいい』と言ってくれた。衝突時に乗員がぶつかっても飛散しない、柔らかい一体成形だった」

ここからコストダウンのために採用したアイテムへと話題が進む。猪塚氏が鉄板について語った。

「アルトのボディ外板は0・7ミリだった。スズライトは0・8ミリ。フロンテも0・8ミリだったと思う。ガラスはどうしたっけ、内山さん？」

「サイドウィンドウは2・8ミリまで薄くしたように思う。ドアもリヤクォーターも。リヤガラスも薄くした。サプライヤーさんは大変だったと思う」

当時、ほかのモデルを担当していた荒木氏はこう言った。

「たしかスズライトは3・2ミリだった。それが3・0になって、アルトで2・8になる。そのぶん、軽量化にもなったね」

荒木氏は2代目アルトを担当した。

「ボディ外板は、2代目は初代のままだった。そのあと100分の5ミリ削って0・6まで削ったように思う。2代目アルトの一部には0・6ミリも使った。フロアや強度部材は1・2ミリを1・15ミリにしたり、試作ボディを作ってテストをしたりして確認した。初代アルトは過剰設計だったわけではないし、板厚を薄くすれば騒音や剛性などでは当然不利になる。でも、2代目の設計を始める時も修社長は厳しく言ってきた」

資料を探すと、当時の軽乗用車は車両重量700〜750kgが相場だった。初代アルトはわずか545kgだった。軽くすれば材料費が浮く。エンジンは助かり加速力も燃費も稼げる。ボディ外板の板厚やガラスの厚みを削るなど、初代アルトの設計は徹底した軽量化を狙っていた。

しかし、それでもね……と、猪塚氏が言った。

「コスト目標は厳しかったが、修社長からは正反対のことも言われた。発売間際に量産仕様を見にきて、リヤのホイールアーチの部分と荷台の床面が鉄板むき出しになっていたところを『ここにはカバーが必要だ』と言った。荷台にはメルシート処理も施していなかったのですよ。安く上げておいて、コスト目標はきちんと達成していた。それでも見た目が悪いから鉄板が見えないようにしなさい、と修社長は言った。それともうひとつ、折り畳み式リヤシートのシートバックは合板だった。塗装したうえでカバーしていたように思うが、そのうえで荷室からシートバックまで一枚もののカーペットを貼った。あれも修社長の指示だった」

吉村氏が付け加える。

「そう、合板だった。ドアトリムもハードボードという木材のチップを圧縮した板の上にビニールを貼った。シートも安く作るというテーマがあったが、外側はシルバーで内側は濃紺のツートーンを提案した。値段はほとんど変わらないからね。当時あまり見たことのない色を提案した」

たしかに、当時のカタログを見ると、シルバーと濃紺のPVC材を使っている。ヘッドレストは別体型ではなく一体型だ。内山氏はこう言う。

「一体型ヘッドレストにして、ヘッドレストの下のステー部分を省略できたが、それ以外のシート構造はほかのモデルと変わっていない」

おそらく、運転席/助手席シートの座面は他のモデルと共通にすることでコストセーブしたのだろう。しかし、コストを追加した部分が、前出の荷室カーペット以外にもあった。荒木氏が言う。

「フロントウィンドウの枠にはクロームのモールが付いていた。これは営業の桐山さんが『付けてくれ』と言ってきた。これだけで見栄えが全然違うから、と。コストを削るだけの開発ではなかった。見栄えのポイントになる部分にはちゃんと気を遣った。女性にも乗ってもらえるようなクルマにしないといけないということは共通の認識だった」

初代アルトのパッケージレイアウトを猪塚氏が作ったのは1976年の夏ごろ。11月にデザインの四面図を吉村氏が5分の1で描いた。実物大モックアップの完成は1977年。つまり、1976年夏からのほぼ1年間は、初代アルトの設計を乗車から商用車(貨客兼用車)に変更し、その法規要件を満たすための設計変更を行ない、コスト見直しのためのアイデアを出し……という、忙しい日々だった。吉村氏にエクステリア(外観)のスタイリング(デザイン)について尋ねた。筆者はAピラー根元でベルトライン(ドアガラス下端のライン)が少し下がり、ルーフラインがルーフ後端に向かって微妙に下がっているプロポーションは、いまでも美しさを失っていないと思っている。

じつはずいぶん昔に、欧州の某自動車メーカーのデザイナー氏と筆者は初代アルトについて語り合ったことがある。意気投合した部分は3カ所あった。ベルトライン、ルーフライン、フロントグリル上のリップである。吉村氏はこう言った。

「小型車の真似ではない。若かったから、そういうデザインには抵抗感があった。端正でバランスが良く、機能的。入社してすぐボクはフロンテのモデルチェンジに参加した。結果的には佐々木さんのアイデアが通った。つぎが初代アルトだった。手で線図を描いたが、CADも試験的にやっていた。アルトからはほぼCADになった。手描きをやった最後のデザイナーがボクらだった。アルト以降に入社した人は手描きをやっていない」

猪塚氏が補足する。

「アルトでは車体構造まで一部CADを使った。フロンテ7-SからCADが入った。ちょうど軽規格は幅が1・4m幅で長さが3・2mになった。拡幅するときにはCADは便利です。100ミリ拡幅するときは、側面は共通にしてくれと言われる。そうすると前後がどうしても形状が丸くなるので、その点も含めて全長が長くなったぶんの寸法を活かして、全体のプロポーションが合うように設計した」

吉村氏が古いスケッチを取り出した。ボロボロだが、絵はわかる。

「これはリヤエンジンを表現しているから、ボクのフロンテのアイデアだと思う。でも、うねった形ではなくきちっとスクエアで端正な形にしたいという思いがこの頃からあったから、そういう思いがアルトにつながったのだろうなと自分でも思う」

たしかに、そのとおり。端正だ。吉村氏は続ける。

「直線基調にすると、長く乗っていてもお客さんが飽きない。当時、内山さんもそういうことをいってくれた。ジウジアーロがゴルフやパサートで1973年ごろに端正なデザインをやっていたので、ボクも意を強くした。フロンテは『ダルマ』と呼ばれたように丸いデザインだった。そういう時代だった。しかし、次に来る時代はそうじゃないと思っていた」

初代アルトのカタログを見ながら、吉村氏は続ける。

「ここ。さっき牧野さんが言ったフード先端のリップね。じつはここ、稲川会長（スズキ元会長）がモデル審査のときにえらく気に入ってくれたのを憶えている。あとで考えると、もう少し前に出たオペル・カデットをボクは好きだった。なので、フェンダーの先端のカーブやちょっと垂れ下がったフードの先端とかのカデットのディテールが無意識のうちにアイデアの中に入っていて、それをアルトで自分なりに消化して、フード前端はグリルのデザインにつなげて強調するような表現にしたのだと思う。それと猪塚さんのアドバイス。この人は図面を描いている人だったからデザインにうるさくて、設計の立場から『このデザインをどうやって実現するか』をいろいろと考えてくれた。曲線の描き方も猪塚さんはアドバイスしてくれて、それも参考になった」

筆者が見ても初代アルトのディテールは凝っている。バックウィンドウからリヤクォーターピラーに回り込むところに薄くキャラクターラインが入っている。ベルトラインとそのラインが出会うところのプレスは難しかったのでは、と思う。

「いや、ボクは入社したばかりだったから、そういう製造要件はたぶんわかっていなかったと思う。とにかく、やりたいようにデザインした。アドバイスしてくれたのが猪塚さんだった」

この吉村氏のひとことを受けて猪塚氏が言った。

側面窓の下にキャラクターラインがあり、このラインが消えゆく面とバックドアからの面が出合う。

「どちらかというと設計が積極的にデザイン部門に声をかけて、一緒に仕事をしていた。ボディ側面ほとんど緩い湾曲面でずーっとウィンドウまできている。その面とリヤからの面をどうつなげるか。それと丸みの部分をどう処理するか。湾曲面とカーブと、そこにキャラクターラインが重なる。自然とつなげるにはどうしたらいいかを提案した記憶がある。それと、もうひとつ自慢したいのはフードオープナーですよ」

この発言に、吉村さんはニコニコしながら付け加えた。

「それも飯塚さんにお願いしたんですよ。エンブレムにも機能を持たせたかった。象徴としてね。それで飯塚さんに提案したら『面白い！』と賛同を得られて、ふたりで機構を考えた。大変だったけれど、おもしろがって開け方を考えて、ああなったんです」

　アルトのボンネットフードを開ける操作は、運転席にあるレバーを操作してからボンネットフードの上にある「Sマーク」のエンブレムを押す、というものだ。パッと見ただけではわからない。猪塚氏はこう言った。

「どうせエンブレムを付けるのなら、何かしたかった。形だけにお金を遣っては損だと思った。多少のコストアップにはなったが、その点は何も言われなかった。アルトはただただ安くすることに腐心したクルマじゃない。我われなりに『遊び』を仕掛けた。そのあとのコストダウンは、内山さんも憶えていると思いますが、VA（バリューアナリシス）提案はさかんにやった。車体関係だけでも原価を7～8000円下げた。初代アルトを発売してから、修社長が『原価を2万円下げろ』と号令

ボンネットフード上のスズキのエンブレムがボンネット開閉レバーになっていて、ボンネットをフロントグリルの隙間から手を入れる必要がない。

をかけてきた。まあ、そういうことはしょっちゅうあった。でも、売れてくれたから利益がだいぶ大きくなってよかった」

ボンネットフード上のエンブレムでボンネットを開ける機構は2代目アルトにも引き継がれた。そして、ずっと後になってフォルクスワーゲンが、バックドアのエンブレムを、バックドアを開けるときのロック解除に使った。

初代アルトと2代目アルト 開発者の証言

大ヒットゆえの苦労も、じつはあった

初代アルトのパッケージングやサスペンションなどについて伺った。もともと乗用車として設計が始まったアルトに商用車要件を満たすための変更を加え、その変更がさまざまな部分に影響をおよぼすことになるが、クルマ全体としてはどのような設計だったのか。同時に、2代目アルトの開発に当たって開発陣が描いた構想がどのようなものだったのか。この点について伺った。

まず、2代目アルトのボディ設計を担当した荒木氏が、モデルチェンジのベースになった初代アルトを振り返ってこう言った。

「エンジンルームはコンパクトだった。エンジンのマウンティングは、バルクヘッドにトルクロッドを直に取り付け、トランスミッションの真上から湾曲した腕を出して、そのトルクロッドとつないでエンジンを上から吊っていた。この方式は国内向けのモデルではあまり問題にならなかったが、排気量の大きいエンジンを積んだ輸出仕様では加速フィールに影響を与えた。ここは2代目の設計で課題になった」

スズキ歴史館に展示されている実車を見ると、たしかにこの当時はまだエンジンが小さい。このくらいのエンジンなら、バルクヘッドから伸びたトルクロッドでエンジンを支える方式と、小さなサイズのエンジンルームでも充分かな、という印象だ。猪塚氏はこう言う。

1979年5月発売の初代アルト（上）は、いわばフロンテの商用車版だった。1984年9月発売の2代目アルト（下）は、初代アルトを下敷きとしながらもボディパーツの一体化やドリップモール廃止などを実施し、デザインもプロポーションもモダンになった。

「前軸とペダルの距離は限界まで詰めた。エンジンルームはできるかぎり小さいほうがいい。エンジンと変速機の大きさに対し適正な隙間を取るとバルクヘッドは車室側に出っ張ってきてしまうが、初代アルトの運転席HP（ヒップポイント）とペダルの関係は、乗員が運転席に座ってクラッチペダルをフルストロークして、そのときにトーボードにペダルが当たらないような基準でバルクヘッドから乗車位置までの距離を決めた」

つまりエンジンルーム優先ではなく乗員優先、ということだ。「認証用の図面はボクのところで書いたんだ。CAD出力した図面も結構あった」と猪塚氏。すでに述べたように、商用車としての要件を満たすためにシーティングも工夫してある。背の高いハイトワゴンが主流の現在の感覚で言えば、室内寸法は狭い。しかし、窮屈ではない。インパネは低くて簡素。ドアトリムも室内に出っ張っていない。

続いてサスペンション。実車で確認したところ、リヤサスペンションのダンパー（ショックアブソー

バルクヘッドに取り付けたブラケット（←の部分）からトルクロッドを出し、その先端でエンジンを吊る方法でマウントしていた。

バー）はやや後傾し、同時にほんの少しタイヤ側に傾いている。荷室内にマウント部分が飛び出さないようにという配慮だ。そして、リヤはリーフスプリング。荒木氏はこう言う。

「初代アルトのリーフスプリングは2枚だった。2代目アルトではロール成形の1枚もので部分ごとの厚みを変えた。2代目の途中からはコイルスプリングに替えた。コイルになってもサスペンションはリジッドのままだった。初代アルトはリーフスプリングの長さを稼ぐため、リヤバンパーのところまでリーフが来ている」

そう言いながら荒木氏は図面を見ている。今回の取材のために社内に保管してあるデータからプリントアウトしてくれた図面だ。

「この2点鎖線は猪塚

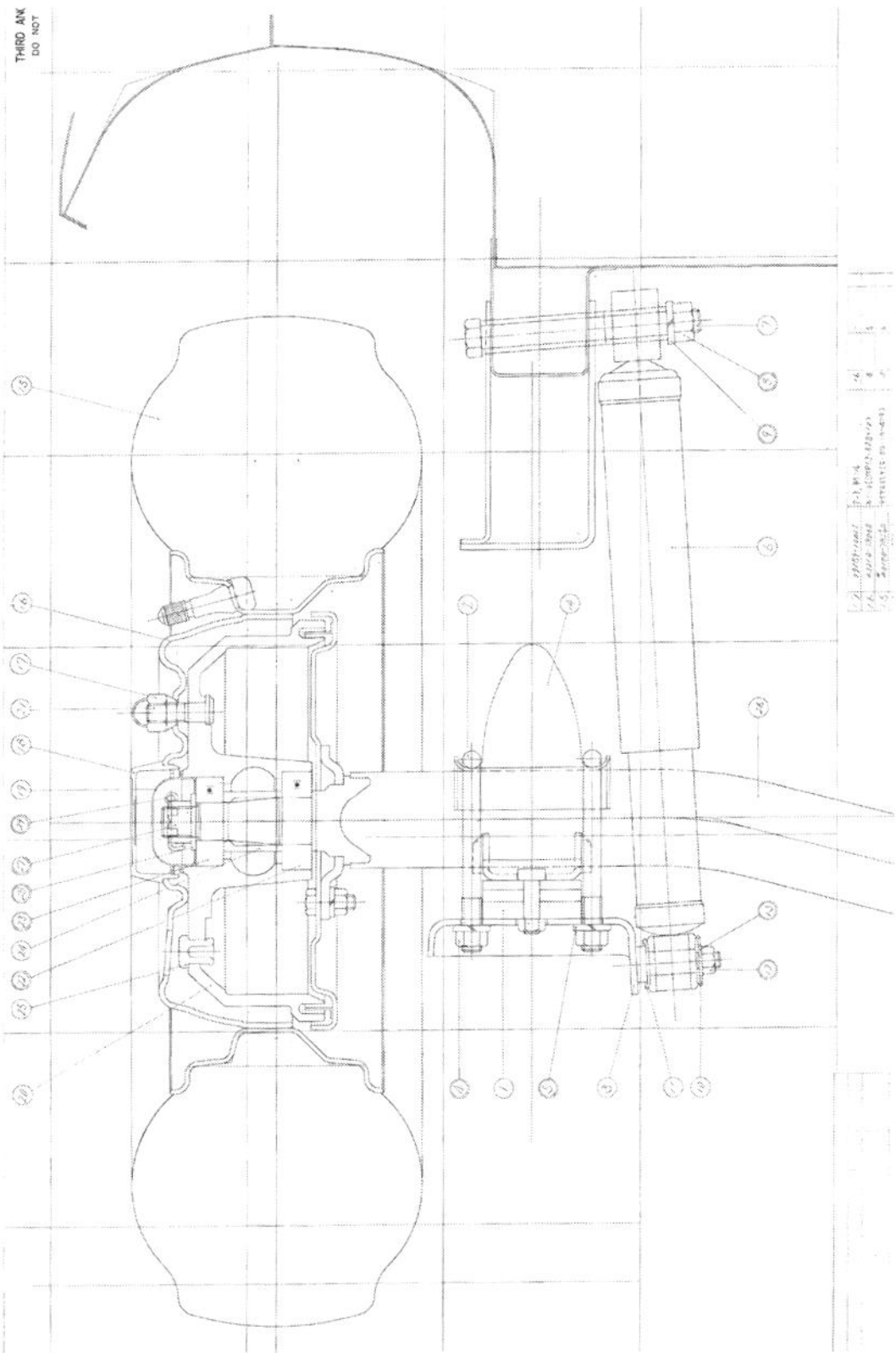

リヤサスペンションはリーフスプリング（スキー板の先端のように見えるもの）によるリジッドアクスル。車両後方から見るとダンパー（ショックアブソーバー）はやや車両外側に 傾いている。

さんだね」

　猪塚氏が言う。

「そうです。２点鎖線は私の得意ワザです。ＣＡＤ図に追加して２点鎖線を書いた。５分の１のレイアウト図に載せて、エンジンも、いかにも載っているように書いた絵ですよ」

「みんな図面にはこだわっていたよね」と吉村氏。

「こうして眺めると、本当にメカは端っこに追いやられているね」と、内山氏が側面図を見ながら言う。

「とにかく室内を広くすることが大事だった。商用車要件があったからね」と吉村氏。

　図面に「アウターケーブル」と書かれた部品があった。これ、変速機用のケーブルですね？　と、筆者はみなさんに尋ねた。荒木氏が答えてくれた。

「これは１９８０年５月に追加したジヤトコ製の２速ＡＴ用の変速用ケーブルです。ジヤトコさんにいろいろ無理を言って作ってもらった。おかげで我われも勉強になった」

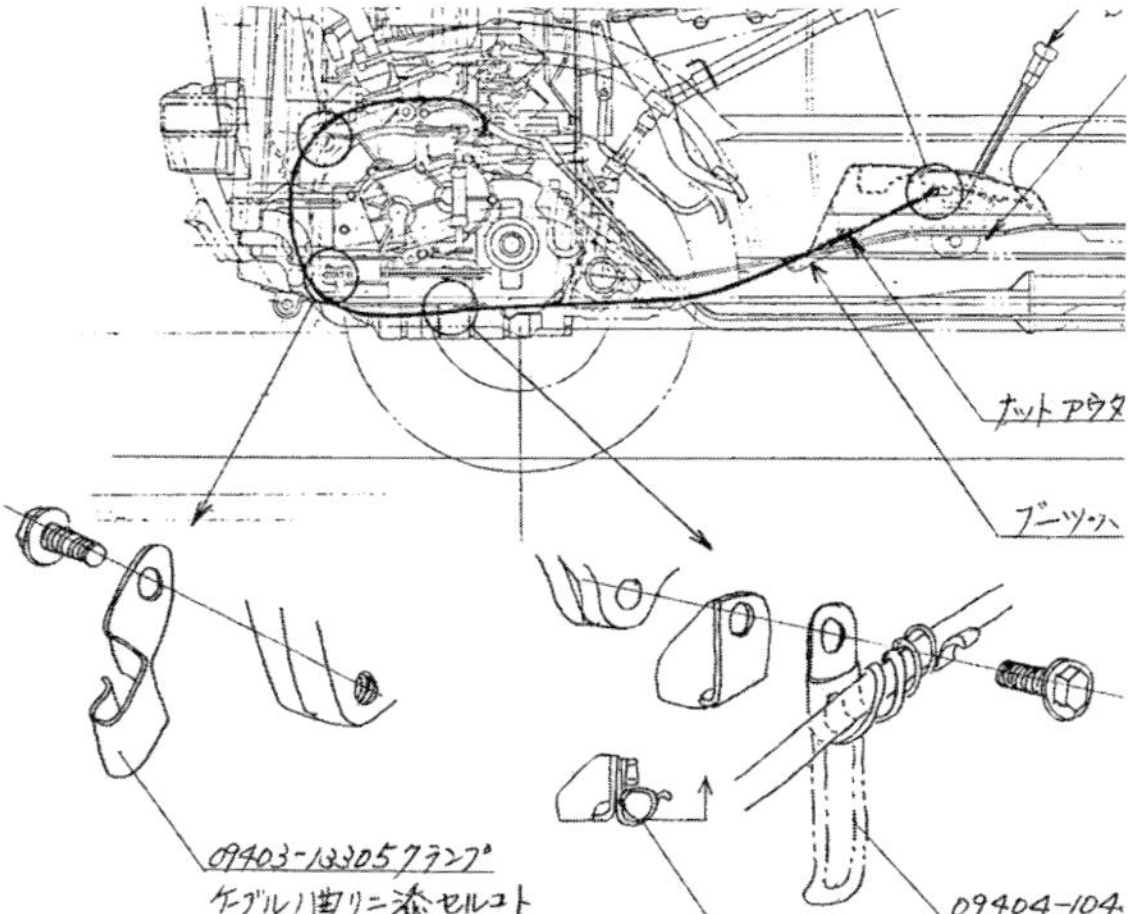

車室内のATセレクターレバーとATを、なるべく大きなR（曲線）を描くようにケーブルで結ぶ。ところどころにケーブル保持のための部品を置いている。

レイアウト図面を見ていると、ステアリングはラック・アンド・ピニオン式だった。フロントのサスペンションはマクファーソン・ストラットだ。「ラテラルロッドがスタビライザーを兼ねている」と荒木氏。

ボディ後方へいくと、燃料タンクはリヤシート下。給油口は運転席とは反対側のCピラー下側だ。給油口から燃料タンクまでの配管がカクンと90度曲がってからタンクに向かっている。なぜ?

「ああ、それはスペアタイヤの収容スペースを避けるためです。アルトはライトバンだから床をフラットにしたい。だからスペアは床下に収容した。スペアタイヤキャリアを介して、下に落として手前に引っ張る。クルマの外、バンパーの下から取り出す」

猪塚氏が説明してくれた。さらに図面を目で追う。エンジンからの排気管には触媒が付いていた。ここは内山氏が解説してくれた。

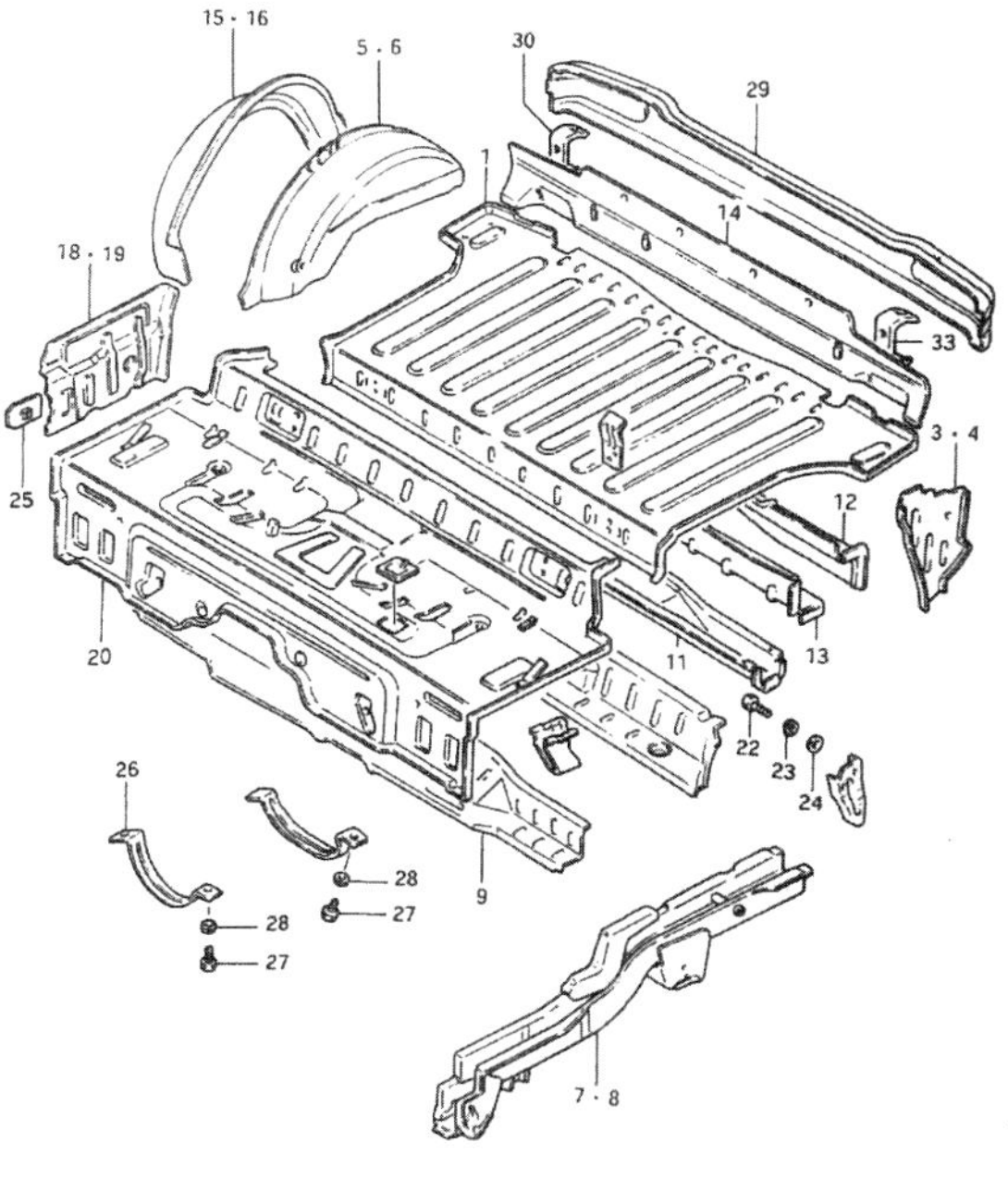

リヤフロアは一枚ものの車室床面の下にクロスメンバー（横断材）を置き、クロスメンバーの下にスペアタイヤを収納する。画面左側が車両前方で、リヤフロアより一段下がった部分に後部座席の座面が置かれ、折りたたみ式の背もたれがちょうどその上に倒れるようになっている。

「プライマリーとセカンダリーに分けて、プライマリーはエキゾースト直下だった。最初は2サイクルだったからね。このあと、私ともうひとりとの連名でＳＡＥ（米国自動車技術者協会）で触媒の論文発表をやった」

図面を見ていると、みなさん、いろいろなことを思い出してくれた。話が弾む。当然、脱線する。肝心なことを訊かねばならない。本当に製造原価は35万円に収まっていたのだろうか。筆者のこの質問には内山さんが口火を切った。

「湖西の研修センターでブレーンストーミングを重ね、商用車としての企画案をまとめた最後のときに、修社長が『47万円で売る』と言った。おそらく47万円は、その前に決めていたのだと思う。原価計算して、それを見て47万円に決めたのかどうかは定かではないが、最後の打ち上げのときに全国統一の47万円と言われた。一同「え〜〜〜ッ」だった。当時でも50万円を切るのは至難の技だった。それを47万円というものだから、みんな唖然だった。私もそのときは詳しい計算なんていっさい見ていないが、たぶんできていたのだと思う。原価低減はつねにそうなんです。現在に至るまでね（笑）。つねに原価低減努力をしろと修会長には言われ続けた。しかし、あのときの47万円には、とにかく驚いた」

2代目アルトを担当した荒木氏は、その後のことを語った。

「価格は軽にとってものすごく大きな商品性だから、そこで頑張れということだったのだろう。幸いにヒットして量産効果が出てきたし、生産ラインも最初は月数千台だったものが一気に2万台に引き上げられた。スズキで初めてだったと思うが、ロボットも入れた。生産しながら2万台まで能力増強した。よくできたよね、ホント」

1本の生産ラインで月5000台。生涯平均だと月3000台。それで終わるならラインは1本で済むが、2万台となると計画の4倍だ。

「初代アルトの生産が立ち上がったころは手打ちの溶接ラインがあった。途中でそこにロボットを入れた。ロボットも少しずつ増えた。ダルマのフロンテでマルチ溶接はやった。あれもヒットしたので量産が始まってからラインを1万5000台まで増やした。自動溶接はその頃に入った。マルチ溶接は、バック電極の上に部品を載せてバシャッとスポット溶接して、つぎにガンをシフトさせて、またバシャッと打つ。フロンテのときはその程度だったが、アルトではロボット溶接機を入れた。いまの溶接ロボットは電動モーターだが、当時のユニメイトは油圧式だった。動きはふらふらしていたけれど、必ず同じところに確実にスポット打点を打つので感心した。2万台への増産のときは自分が引き継いでいた」

内山氏も言う。

「1車種月5000台売れれば御の字だった。スズキに限らずクルマは1車種月5000台売るのが目標だった。その時代の2万台だからね。生産ラインもサプライヤーさんも大変だった」

はい。その話は伺いました。夜遅くまでみなさん、部品生産に追われ、搬出のトラックは部品がそろうまで毎日待っていた、と。果たしてスズキのアルト生産ラインはどう動いていたのだろう。

「ピークのころは3勤24時間だった。土曜日の休みもなかった。人海戦術でやるしかなかった。ただしメンテナンスが必要な機械もあったので、24時間をやめて2勤+残業に切り変えた。3勤だと、何かトラブルがあったときにラインが止まってしまう」

荒木氏がこう言った。8時間ずつの2シフトで、たとえば2時間残業すれば、それで合計20時間だ。

機械を止めてメンテナンスするにしても4時間しかない。いや、2時間のライン休止が2回だろうか。荒木氏に尋ねた。

「スズキの生産ラインはそんなもんかな。ボディパネルは外注も多かった。平岡ボディ、鈴弥産業（のちのベルソニカ）、杉本金属あたりがサブアセンブリーの大物を扱っていた。アンダーボディの大物部分は平岡、杉本だったかな。エンジンルームまわりはカウルアッパー、ダッシュパネル、エプロンサイドくらいに分けて発注していた。サイドボディは内製でやっていた」

予定の4倍の生産となると、何かトラブルがあったのではないかと思って、訊いてみた。いまなら笑い話で済みそうだし……。この質問にはみなさんが答えてくれた。

「水漏れの問題が出た。たいがいフロントまわりだった。インパネを外して、内装もぜんぶ外して、どこから漏れているかを調べたら、カウルアッパーに問題があった」

「そう。ボディは屋根瓦構造になっていないと水が入る。上から水をバシャバシャかけられても大丈夫。上側のパネルが必ず下側のパネルに覆いかぶさっている構造だからね。そのうえで、駐車場所が傾斜していることも考えてボディ設計していた」

「ところが、溶接を終えたボディを毎日、何百台もプールする必要があった。はじめのうちは、ボディをプールしておく場所は屋内で平らな場所だったけれど、2万台になればボディプールもあふれる。とんでもないところにボディを斜めに置くことがあった。場所がないから仕方ない。その置き場所が原因で水が入ったという原因も考えられた」

「カウルアッパーに水が溜まるということは、侵入経路はベンチレーションボックスが有力だった。

横レバー式のベンチレーター。空気取り入れ口の上に蓋があり、その蓋とダクトの間から水が入ってきた可能性だった」

「カウルアッパーのサイドに大きな水抜き穴があって、エプロンサイドの壁を伝って室外に水が落ちるようになっていた。継ぎ目からは水が入らないように鋼板を重ねていた。でも、入っちゃった」

「Ａピラーからルーフサイドに回り込むドリップレールの構造はこのアルトが最後。２代目はサイドボディ一体になった。カルタスからそうなった」

「そうなんだ。内山会長からドリップレールなんて取れと言われた。しかし、これは単にドリップレールだけの問題じゃなくて、サイドボディ全体が関わってくる」

　みなさん、この件はよく憶えていたようだ。そして、この件が２代目アルトのボディ設計

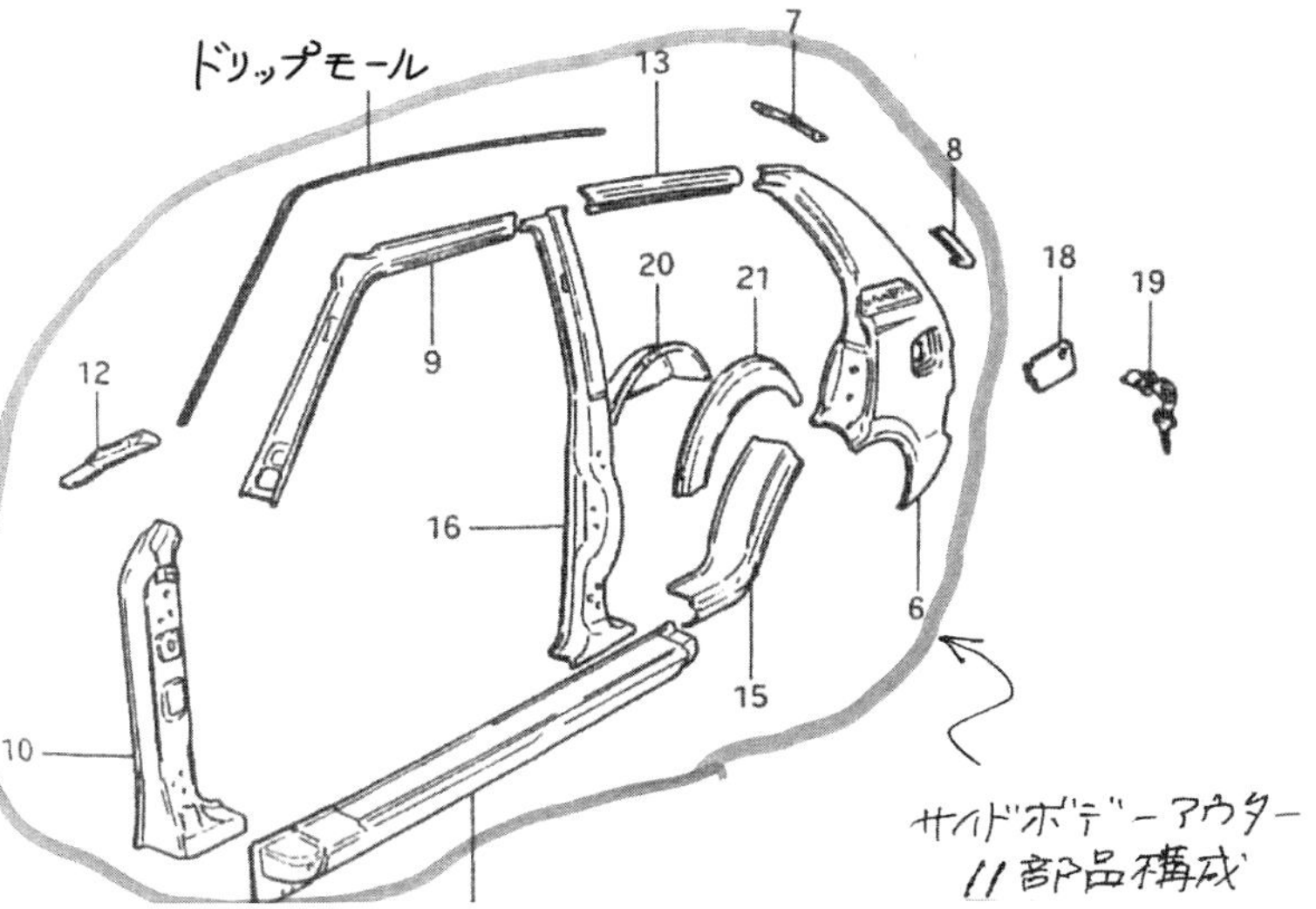

初代アルトの側面は、フロントフェンダーまわりを除いてもサイドアウターと呼ばれる意匠面を11部品で構成していた。ルーフサイドからＡピラーにかけてドリップモール（雨どい）があった。

を大きく変えた。担当した荒木氏はこう言った。

「初代アルトはサイドボディのアウターが6分割だった。現在はトルクロール（テーラードブランク）で一体化されている。2代目アルト／フロンテではサイドボディアウターの継ぎ接ぎをやめようという設計へ移行した。インナーは分割だったけど意匠面になる外側は一体化した。初代フロンテはボディサイドアウターが片側で11部品構成だった。そのほかにインナーが6部品あった。溶接部分は隠さないといけない。じつは初代アルトの設計で、修社長がこの部分を『見苦しい従来技術』だと言った。あるコストダウン検討会に修社長がやってきて、『アルトは何も新しいことがないじゃないか。全部従来技術の寄せ集めだ。ヒットしているのは47万円だからだ』と、さんざん嫌味を言って出て行った。で、よーし、やってやろうじゃねーの、となったわけです。2代目は徹底的にやり変えよう、と。そういう意気込みがあった。設備にはトランスファープレスが入ったから、それも使えた」

部品点数の削減が2代目開発のテーマ

何を考えたかと言えば「部品点数の削減」だとみなさんが言う。内山氏がこう語る。

「2代目の設計では、とにかくひとつの部品を大型化することがテーマのひとつだった。オレも散々言ったよ。とくに大物は最優先」

その時期はGMとの共同開発車「カルタス」の開発が始まっていた、デザイナーの吉村氏はカルタスを担当した。荒木氏はフロンテのチームから2代目アルトのチームへと移った。猪塚氏は2代目も引き続き車体の担当だった。その猪塚氏が言う。

「デザイン検討の段階で、吉村さんから引き継いだデザイナーの難波さんとよく相談した。ボディサイドアウター（側面外板）を一体化できれば、クルマの見え方がぜんぜん違う。ちょうどカルタスが一体構造をやっていたので見に行った。側面一体化がデザインを変える要素になったのはたしかだ」

吉村氏が当時の思いをこう述べた。

「サイドボディを一体化するとデザインの見え方がぜんぜん違う。デザイン部門としてはパネル分割はもういやで、ぜひとも一体化してもらって自分たちの造形を見せたかった。初代アルトはたしかに端正なデザインになったが、2代目はもっとモダンにしたい、という意図があった。猪塚さんともそんな話をしたね。この人はデザインとボディ構造の関係をよくわかっているから」

ボディサイド一体化の設計を手がけた荒木氏はこう言う。

「そのころから空力がはやって、よく風洞に入れた。1分の1の実車風洞が谷田部（茨城県）の日本自動車研究所にあった。おそらく初代はCd＝0・4を少し超えているくらいだったと思う。旧式の実車風洞だから床下に気流は流れない。現在の風洞ほど正確ではなかったが、それでもいちおう、目安として0・38くらいにしようと考えたから、5分の1モデルの段階から風洞を使った。フロントのまわりをスリムにするなど、全体のプロポーションを考えた」

2代目アルトの空力設計についても、みなさんそれぞれの思いがあったことが窺える。空力特性を重視した理由を吉村氏はこう語った。

「高速燃費の改善が狙い。輸出仕様には800ccと1000ccがあり、いまで言うAセグメントだ。同時に当時は空力追求が世界的に流行っていた。ボディ表面の段差や出っ張りをなくすフラッシュサーフェスとか、ルーフエンドでルーフをバッサリ切り落とすとか（いわゆるコーダトロンカ）、当然、ドリップレールなんかなくしたかった」

　荒木氏は、２代目のボディ設計でいろいろと悩んだ人だ。デザイン部からの注文もあったし、荒木氏がやりたいこともあった。２代目開発の頃を振り返ってこう言った。

「２代目は４ドアもあったからね。４ドアを例に挙げると、サイドアウターは11部品あった。これを一体

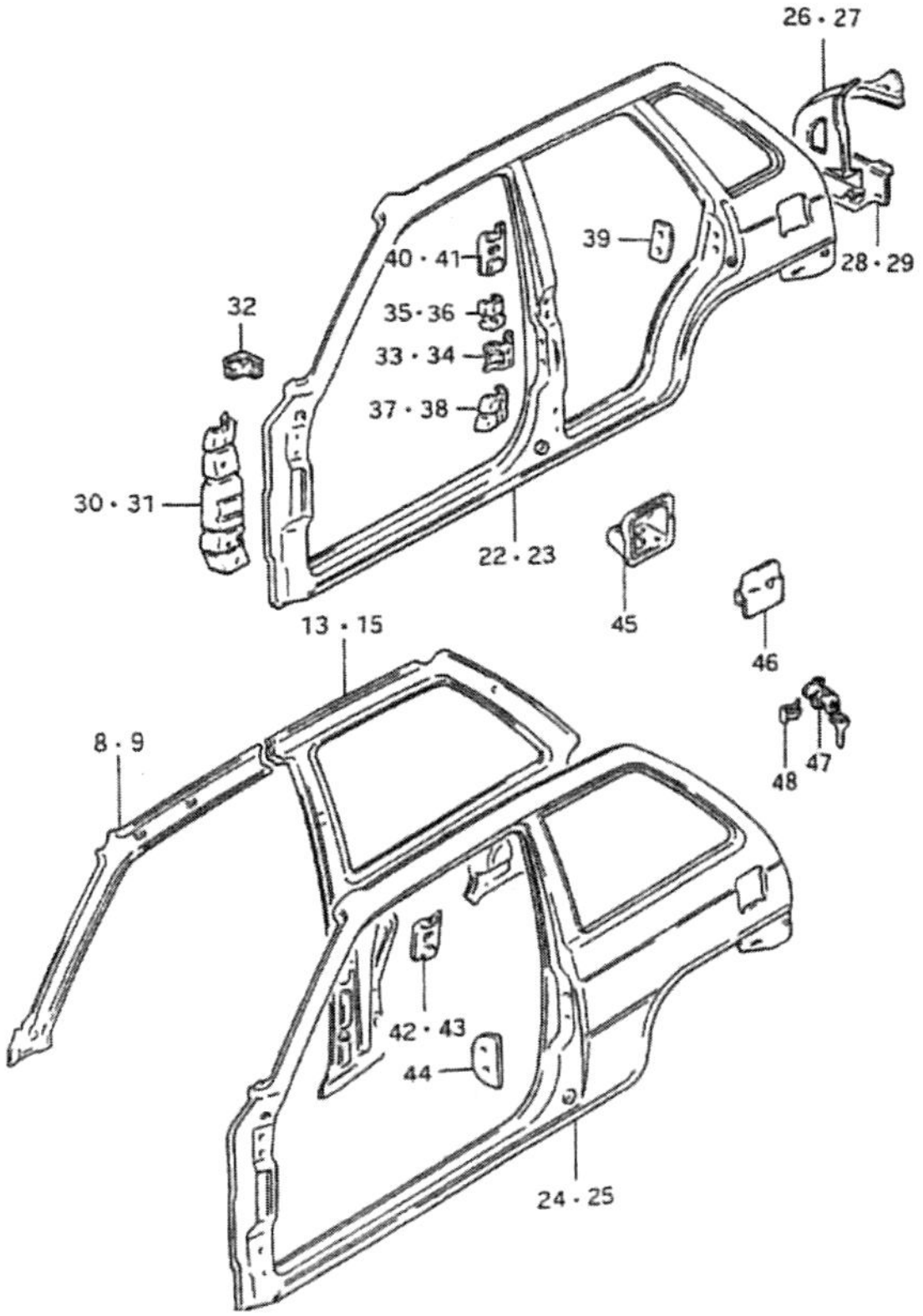

２代目アルトには５ドア車も設定されたが、いずれも意匠面となる外板（サイドアウター）は一体成形となり、ドリップモールは廃止された。トランスファープレスの導入によって、このような大物を成形できるようになった。

成形にした。トランスファープレスを使えるようになったという要素が大きい。リヤフロアも一体成形。メインフロアもサイドシルの部分もベンド（曲げ）加工だったものを一体成形にして、サイドシルインナーは廃止した。ドリップレールは廃止し、一体化したサイドアウターからルーフに回り込んだところでスポット溶接した。いわゆるモヒカンね」

工場側の生産設備に投資が行なわれたのですか？と内山氏に尋ねてみた。答えはこうだった。

「さっき話が出たロボット溶接は初代の途中から徐々に入り、トランスファープレスも導入した。でも、全体で見れば部分的に変えただけだったかな。お金はかけてない。そう簡単にお金をかけてはくれないのが修社長だった」

さきほどのエンジンマウントの話を荒木氏が始めた。

「初代のエンジンは、さっき言ったようにバルクヘッドからトルクロッドを出していた。これだとエンジン回転を上げたときに加速騒音が出るとか、高速で振動が出るとか、問題があった。輸出仕様の800ccだとさらに振動が出て、加速フィールに影響を与えた。スムーズじゃないと海外で言われた。何とかしなければならなかった。寝ても覚めても考えていたのは、できるだけパワートレーン重心の近くでマウントして、エンジンの回転トルクを受ける方向でメインのマウントを二重マウントにすることだった」

これが2代目アルトのダブルフローティング・マウントである。荒木氏の思いが詰まったマウントである。荒木氏は続ける。

「横方向はボディのフロントサイドメンバー（エンジンルーム内の、タイヤのすぐ裏側にあるメインの骨格）にマウントを置く。横置きエンジンだから、トランスミッション側をボディと繋ぐ。問題はオイルパ

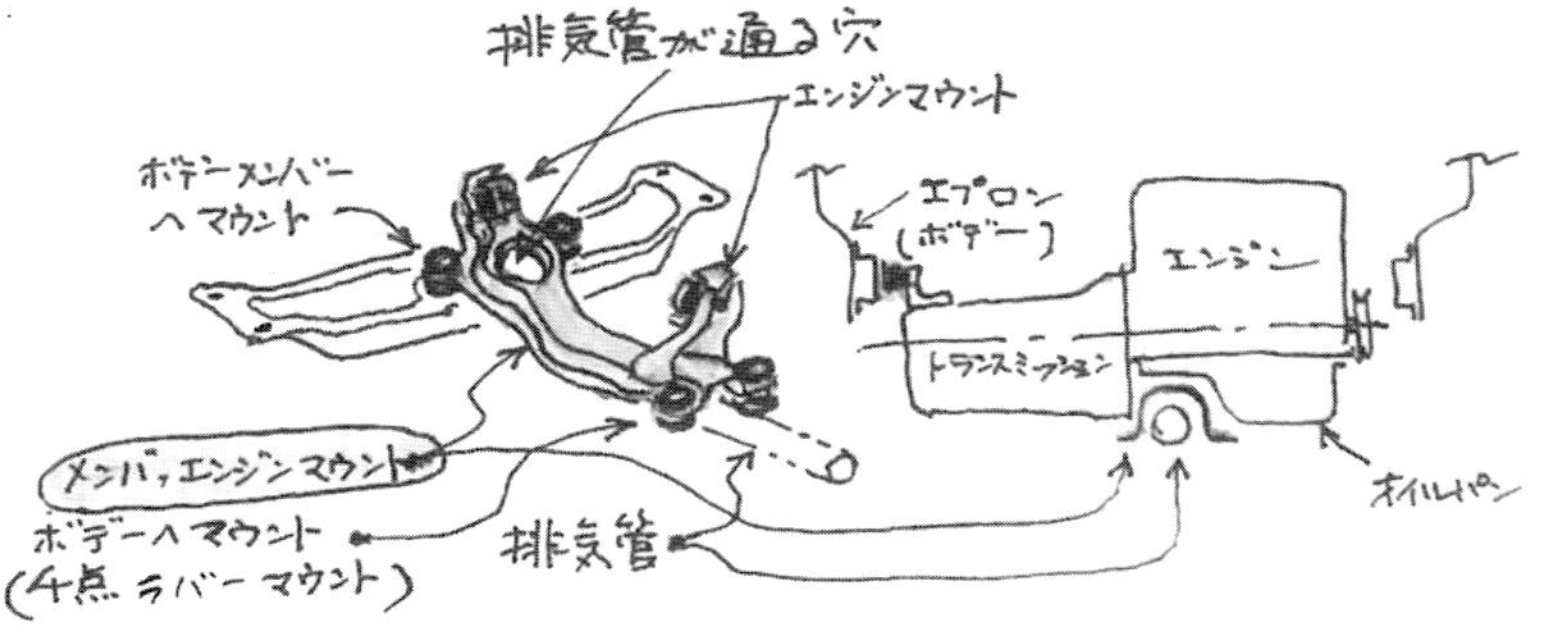

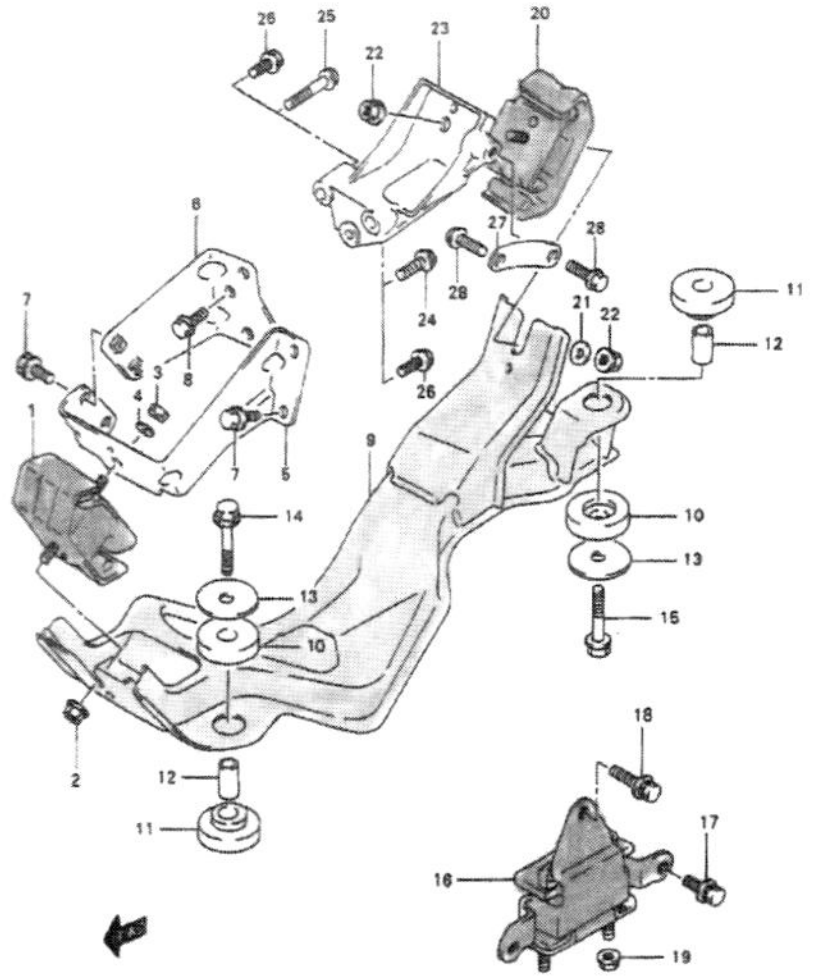

荒木氏が手描きで説明してくれた2代目アルトのエンジンマウントと、その部品構成（左下の矢印の方向が車両の前側になる）。

ンとクラッチハウジングの間を排気管が通っていたことだ。なので、エンジンの下を通るメンバーに穴を開けて排気管を通し、そのメンバーの両端、車体でいうとラジエーター側とバルクヘッド側に二重マウントを置いた。排気管が後方へ出るバルクヘッド側は、断面を下に開いたコの字型にした」

この説明のために、荒木氏は上の絵を描いてくれた（右はパーツリスト）。設計図面をドラフターと鉛筆で描いていた人たちは、本当に立体描写が上手い。現在のエンジン横置きＦＦ車は車体を横断する方向、車幅方向でエンジン側と変速機側のマウントを置き、パワートレーン底面１カ所で車両中心線方向を押さえる方式のマウントが主流だが、２代目アルトは車両中心線と平行に前後方向に伸びるサブフレームを置き、パワートレーン出力軸の左右（つまり車両の前側と後ろ側）でマウントしている。これが荒木氏のアイデアだった。

「バルクヘッド（エンジンルームと車室を仕切る壁）側もボディのクロスメンバー（横方向の骨格材）に下から２カ所でマウントし、エンジンルーム前側のサイドメンバーで上から吊る３点マウントになっている。で、エンジンの下を通るメンバーだから、エンジンルーム前側にエンジンから出ている排気管をそのメンバーの下に潜り込ませるための穴を開けた。メンバーの断面は下側に開いたコの字型。そんな形状だから『コブラの頭』とか言われてエンジン担当には嫌われた。何でこんなややこしいことをするのかと言われたが、井桁状のサブフレームは廃止して、前側のクロスメンバーにこのエンジンマウントを置く方法だった」

このエンジン下を横断（車両側から見れば縦断だが）するメンバーはプレスのハット断面である。形状が複雑なので１回ではプレスできないが、６６０ccになるまでアルトはこのタイプのエンジンマウントを踏襲した。

安いだけのクルマではない。基本性能は妥協しない

「スズキのクルマは全部このアルトから始まった感じがする」

見栄えと、品質と、低価格。初代アルトは、この3つのバランスをうまく取っていた。「安いクルマなのだから我慢してください」では絶対に売れない。少し奢った部分と知恵を使った部分にお客さんの視線を誘導する。自動車としての基本性能は妥協しない。アルトはそんなクルマづくりだったように筆者は思う。これは自動車という商品を作るうえで非常に大事な要素であり、現在でもまったく変わらない。

すでに述べたように、初代アルトの開発は鈴木修氏の「鶴の一声」によって一時中断され、貨客兼用車（商用車）として投入することと、従来の常識にとらわれないコスト見直しを行なうことへの対応が新たなテーマになった。そのなかでさまざまなアイデアが生まれ、当初は実現不可能と思えた原価目標が達成された。

初代アルトの開発現場を振り返る記述の最後は、取材に協力いただいたみなさんの、「若かりしころの想い」に触れたいと思う。長年、スズキの開発部門を率いた内山氏はこう言った。

「軽自動車の宿命で、商品を企画する前に、まずお客さんは安さを求めるが、商品が安っぽいと受け入れてはもらえない。初代アルトの開発当時は基本機能を落とさずに安くするため、とりあえず基本機能に絞ってまとめていた。ところがお客さんの要求は小型車の仕様であり性能だった。軽に乗っていても小

型車の気分で乗りたい。それが軽の設計者としていちばん苦しむところだ。欧州車は、安いクルマは割り切る。あとはコストを積み上げて頒価を決める。いっぽう、アルトは発想を変えて安く作った。とにかくコストに振った。すると今度はもう少し質を上げないと、になる。質を上げると高くなる。あるところでコストの見直しが入る。この繰り返し。リーフスプリングをコイルスプリングに切り替えたように、世の中の変化を見ながらしっかり対応する。コストの縛りの中でも確実に進化を繰り返す。これは小型車メーカーのエンジニアでは味わえない苦労だと思う」

　内山氏は１９５４年の入社。元技術本部長であり、最後はスズキの会長を務めた。入社の頃のスズキは織機メーカーであり、自転車に取り付ける補助エンジンへの参入

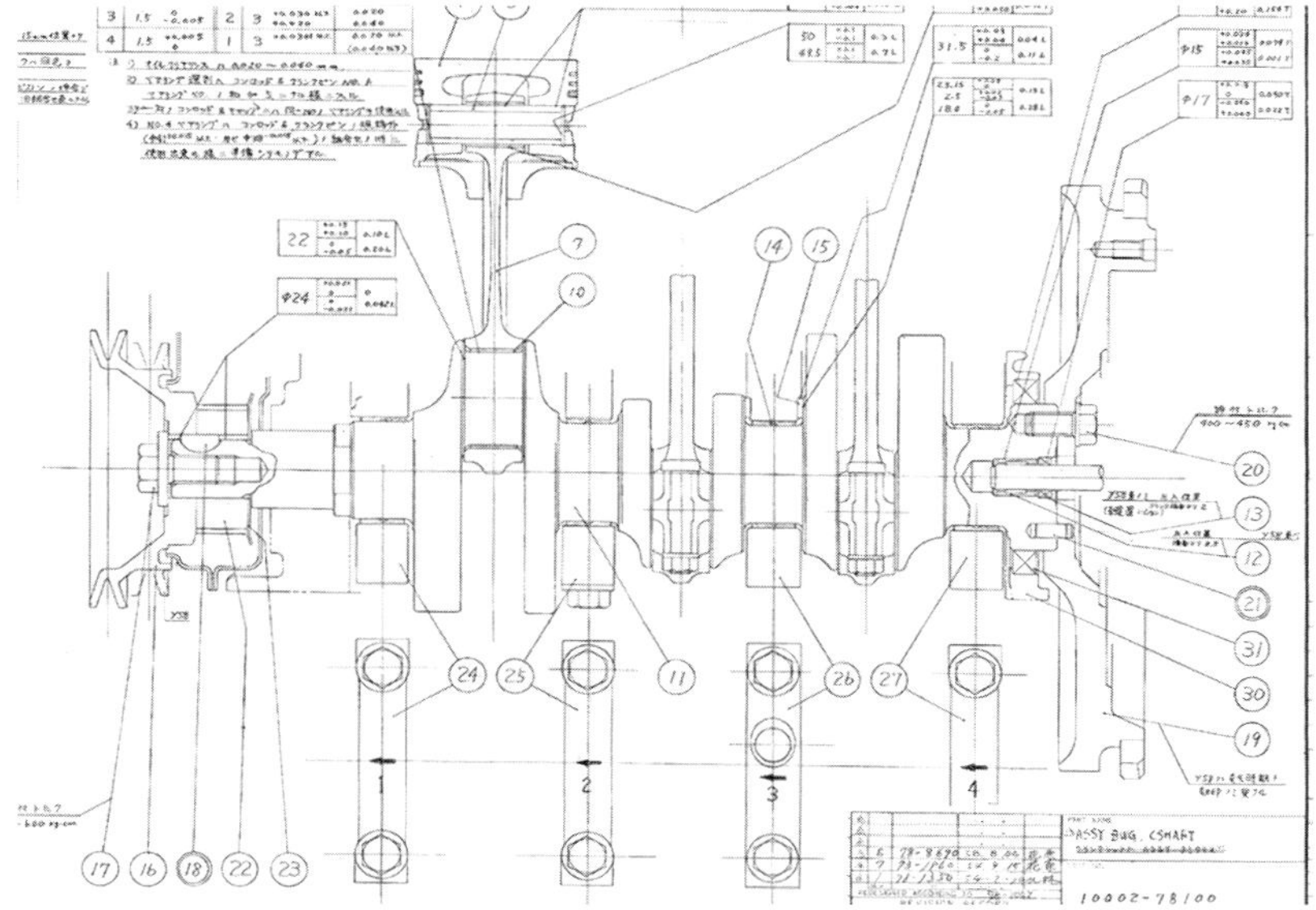

内山氏がスズキに入社して最初の仕事はエンジンのシリンダー図面を描くことだった。この図面は初代アルトの３気筒エンジンのクランクシャフト＆コンロッド。

を機に2輪車の開発・生産に乗り出したばかりの企業だった。内山氏は入社の頃を振り返ってこう言った。

「1954年4月11日入社だった。次の日からシリンダー図面を描き始めたが、当時、社内は4輪進出に大反対だった。当時の人事課長が正面玄関ではなく裏口で待っていて、こっそりと別ルートで研究室に案内してくれた。親に『地元に就職しろ』と言われ、当時の専務の鈴木俊三さんに面接されて、オレはてっきり織機をやるもんだと思っていた。入社初日に鈴木道雄さんに「4輪をやってもらう」と言われた。入社してみるとほかに同期が5人いた。前の年の1953年には、まだ4輪をやることは決まっていなかったらしく、急遽、入社試験が行なわれてほかに5人を採用したと聞いた」

初代アルトの発売は、内山氏が入社して25年後のことだ。初代アルトについてはこう述べた。

「いろいろな意味で、そのあとのスズキのクルマは全部このアルトから始まった感じがする。軽自動車として認められたのはLC10と初代アルト。これで生産的にも販売的にも地に足が着いた。初代アルトの時代は、小型車みたいに見栄えに気を遣えば売れた。しかし、見栄えはお金を遣う。どこで妥協するか、そのバランスを探る開発だった。いまの開発者には、それは想像できないだろう。初代アルトはシングルグレードだから、装備を選ぶのも大変だった。何を捨てて何を残すか。ラジオもシガーライターもオプション。ラジオを付けるとアンテナも必要だったから、外から見ると「ラジオ付き」は判別できた。Aピラーに沿って手で伸ばすアンテナだったからね。いまでも軽が売れているのは、小さくて安くて便利という基本が評価されてのことだと思う」

スズキ歴史館に展示してある初代アルトで確認すると、インパネ周りは極めて簡素だ。ちょうどインパネ垂直面の真ん中あたりにヒーターコントロールがあり。その隣に灰皿がある。灰皿は一等地だ。当時のクルマはたしかにそうだったが、しかし初代アルトではシガーライターがオプションである。デザイナーの吉村氏は「インテリアデザインの検討のとき、灰皿の置き場所はいろいろ葛藤があった」と言う。デザイ
　もうひとつ、筆者の疑問は、赤いボディカラーを誰が提案したのか、という点だ。70年代に入ってからは、たしかに小型車では赤いボディが増えだした。現在のアルトにも赤いボディがある。しかし、1979年当時の軽自動車には、赤は珍しかった。デザイナーの吉村氏はこう言った。

「車体色は、シルバーと白と赤。赤が圧倒的に売れた、赤比率がもっとも高かった初めての日本車かもしれない。誰が赤を提案したかは憶えていないが、デザイン部だったと思う。3色しかないのに赤。ボディカラーは最低限にしろと言われたが、絶対に赤は外せなかった。それを誰も不思議には思わなかった。当時の常識なら、3色だとしたら、たとえばシルバー、白、紺あたりになるが、それだと商用車になってしまう。デザイン部としては赤は外せないと思った。いま思えば、こういう意思決定は、割と勝手だったのかもしれない。個人の好き嫌いも通った。ボクのシャープなラインという提案も通ったしね」

　内山氏はこう言う。

「修社長が赤でOKを出してくれた。デザイン審査のときのモデルが赤だったかどうかは記憶がないが、修社長は赤については何も言わなかったように思う。経営陣にデザインがわかる人がいなかったからなのかもしれない。あるいはデザイン部門を信頼してくれていたのかもしれない。営業からは、白とシルバーでは売りにくいという声もあった。フロンテ7-Sには赤はなかった。あずき色とか、ゴールドはあった。ゴールドは高級に見えるから当時流行ったね。これも、小型車に追い付きたいという気持ちで

の色選択だったと思う。私はデザインのことはわからないから文句は言わなかったと思う。修社長もそう。誰かが赤を仕掛けたのかもしれない。結局宣伝も赤いアルト、新車発表会も赤いアルトだった」

開発エンジニアの証言集

以下は筆者の整理なしの、生の声をお届けする。今回の取材のお世話をしてくださった広報部の方も話の輪に加わり、当時の出来事に想いを馳せた回顧からの抜粋である。

「デザインはフロンテ7－Sが佐々木さんの最後の作品で、ジムニー初代ＳＪは小栗さん。ジムニーとアルトは同じ頃だったね」

「たしかに初代アルトは女性にウケたけれど、メカは純粋に性能とコストダウンだった。ステアリングはのちに１９８８年のセルボで電動パワステをやったね。世界で初めての電動だった。アルトは初代も２代目もノンパワステ。ＶＧＲ（バリアブル・ギヤ・レシオ）ステアリングもやった。途中で軽くなるやつ」

「電動ファンもやった。意外に新しいことをやってきたんだよ」

「真剣に女性向け装備として考えたのは、２代目の回転シートだった。ドアを開けると、運転席がドアの方向を向いて優雅に乗り降りできる。それと3代目の運転席スライドドアだな」

「あれは苦労したんだよ。寒冷地で凍っちゃった。ウェザーストリップとボディがくっついちゃう」

「それと、２代目はリヤサスの変更だね。リーフスプリングからコイルスプリングにした。２年目のビッグＭＣ（マイナーチェンジ）でやった。カルタスも最初はリーフで、ＭＣでコイルにした。カルタスＧＴ

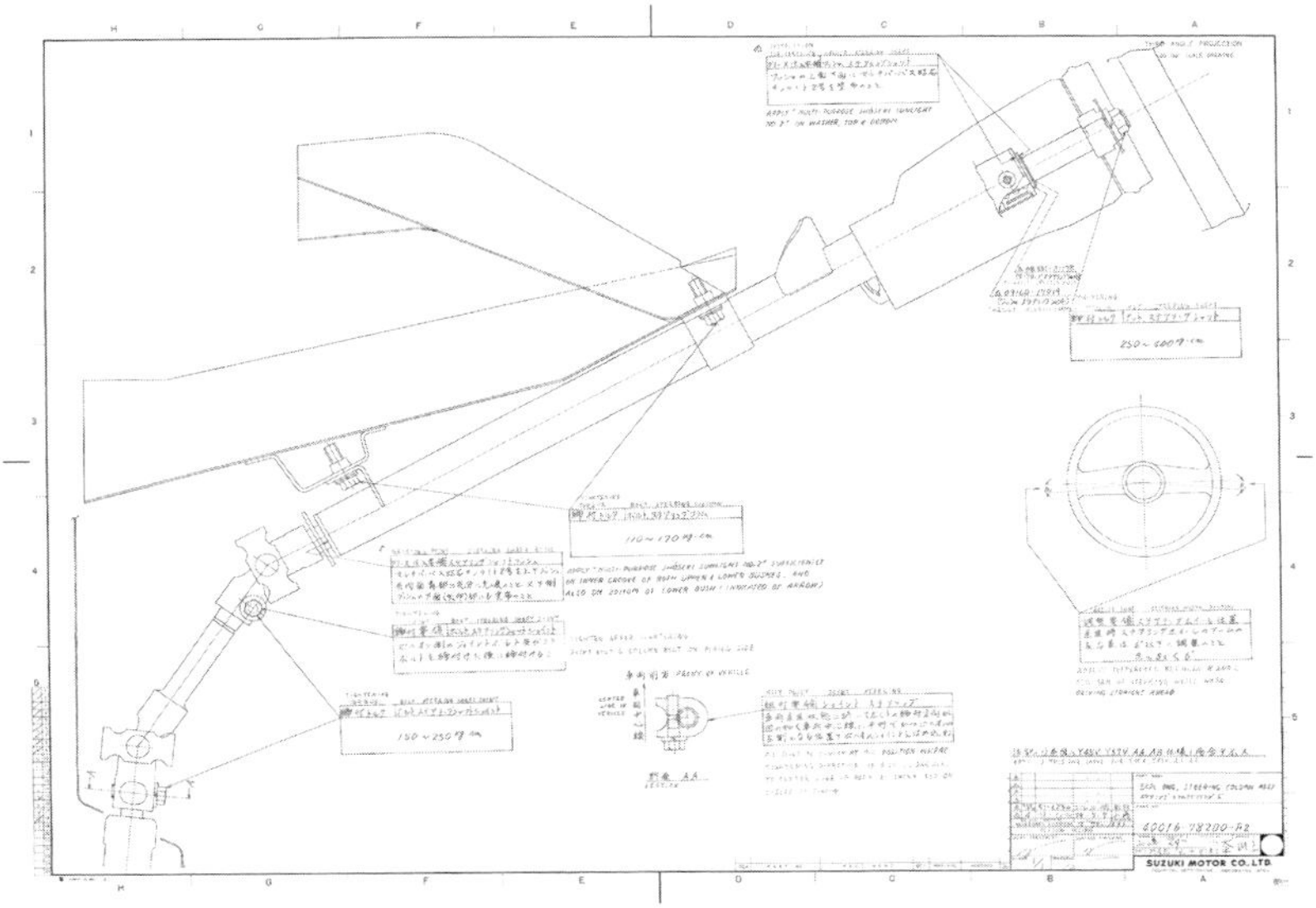

初代アルトのステアリングレイアウト。まだパワーステアリングを装備しない時代であり、カルダンジョイントの角度も無理をしていない。

Ｉとアルトワークス（ツインカムターボ）に合わせてＩＴＬにした」

「そうだった。生産途中で、生産は継続しながらこの変更を入れたんだね」

「だから、いかにフロア構造を変えないでリーフをコイルにするかを考えた。そこでＩＴＬという方式が生まれた。リンクアクスルをラバーマウントでトレーリングアームにつなぐ。この方式が現在でも残っている」（注・４ＷＤのみＩＴＬが残っている。２ＷＤはトーションバー式）

「インドのマルチへ行っていたのは猪塚さんだっけ？」

「そう。マルチ８００の初期、最初の１年間は初代アルトをＣＫＤ（コンプリート・ノック・ダウン＝クルマ１台を作る部品を梱包して送り、現地がそれを組み立てる方法）で送っていたが、その後に２代目アルトの構造に切り変えた。プレス成形もインド現地になった。私は5年半インドに行っていた。カルタスの開発が終わって、つぎは商品企画を担当して、93年からインドだった」

「そのあと、２代目アルト・ベースのマルチ８００が30年以上生産された。インドで50万台くらい作ったっけ。インドでのマルチのシェアは、一時期8割だったからね」

「スズキは開発ゴー（命令）から生産までだいたい３年だった。プロジェクトのスタートがはっきりしないうちからデザインは始まっているという例が多かったけれど、初代アルトは、開発工数で言えばとりわけ多かったとは思えない」

「途中で設計変更が入ったけれどね」

「そのあと、マイティボーイとか、よく作ったと思う。セルボの後ろをぶった切ってピックアップにしたクルマ。スズキのマーボー。ワゴンRはいちど、お蔵入りになったんだよね。でも結果オーライだった、内山さんのひと言で変わった」

「ああ、あのときオレは『乗員は立っていればいいじゃないか』と言った憶えがある。軽にはまだ高さと

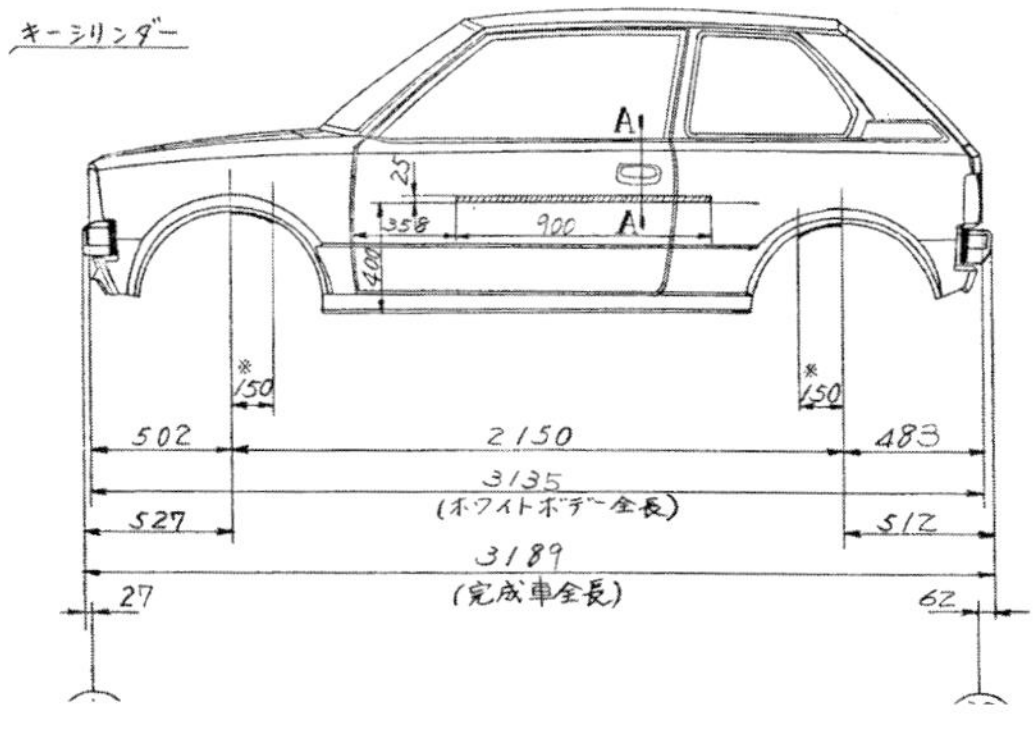

初代アルトのボディ側面図。バランスの取れたプロポーションはいまでも古さを感じさせない。

いう空間が残っているじゃないか。と」

「そうだった。内山さんは初代ワゴンRまで設計に関与していた。会長だったのにね」

「あの頃はいろいろと運びたいニーズがあった。バンドブームもあって、イカ天（イカすバンド天国というアマチュアバンドのコンテスト番組）にはスズキがバイクを賞品として提供していた。自転車も流行っていた。それで背を高くして、小さい軽だけれど存在感を出せた」

「初代アルトのカタログ（巻末参照）も、いま見ると当時の欲しいものばかり写っている。商用車なんだけれど、こういうふうに使ってください。遊び道具を何でも運べますよ、と。いまで言うSUVの発想だね」

「団塊の世代に音楽やスキーを始める人間が急に増えた。ボクらもそうだった。スキューバダイビングの道具もカタログに載せていた。当時の憧れのスポーツだった。オーディオコンポも載せていた」

「しかし、カタログを見るかぎり女性を意識したようには見えないなぁ」

「まさに、あるときはお買い物に、あるときはレジャーにというクルマなんだね。だから生活臭がない」

「アルト……名前が良かったのかな」

「ワゴンRだって、最初はZIPだったでしょ。車体のエンブレムはZIPだった。新聞広告まで作っていた。発売は9月だったのに、7月半ばにひっくり返った。修社長に名前を変えていただいたのは7月だったね」

「ああ、そうそう。『ワゴンだろ？　ワゴンに何かつけたらいいじゃないか』って修社長が言った。ワゴンはカテゴリー名だが、何かつければ固有名になる、と。そういう発想だったね。なんでRにしたのかはわからないが、これはワゴンであ～る」

「いまから思えばワゴンRで大正解。おそらく販売店会議か何かで修さんがひらめいたんだろう。わかりやすくていい」

「あれはクラスレス商品だった。いまのハイトワゴンブームの火付け役だった」

こんな話をしている間、荒木氏は話に加わりながら絵を描いていた。

「はい。これが2代目アルトのルーフとサイドドアの断面」

その絵には、鋼板の形状、そのつなぎ目、ボディ側のウェザーストリップの形状、ドア側の窓ガラスの支持構造とウェザーストリップ形状が描かれていた。

「うわ〜、荒木さんさすがだね。まだ全部憶えているんだ」

「どれどれ、ほぉ〜こりゃ上手いもんだ」

荒木氏は「当時の設計者なら誰でも描けますよ」と涼しい顔。

「ボクらの時代は、こういうふうにアイデアをすぐ鉛筆で描いたね。紙と鉛筆さえあればいい」

「ボディ線図だって、3D形状を頭の中に描きながらフリーハンドで図面に起こした」

もう30年ほど前のことだが、筆者がスズキのボディ・シャシー設計担当の技術者氏にインタビューしたとき、その方はこう言った。

「頭の中で突然、サスペンションが描く軌跡が3次元で思い浮かぶのです。本当に、突然なんです。ずっと考えていた問題への解が、ふっと浮かぶのです。忘れないうちに絵を描きます。だから、寝床には必ずノートと鉛筆を置いておきます」

40年も前に描いた図面を荒木氏が憶えていたのは偶然ではない。筆者はそう感じた。

「軽にはファンがいたから応援してくれた。ファンを作ることが大事だ」

桐山元専務インタビュー

「一億総中流時代。女性の社会進出。団塊の世代が子育てをしていた時代。学校や習い事への子供の送り迎えの時代。クルマは休日のドライブだけではなく、日常の足代わりに使う。そういう時代だった」

桐山京平《きりやまたかひら》氏はインタビューの冒頭にこう語った。1997年6月に取締役就任して以降、常務取締役、専務取締役を経て2007年4月に専務役員として退任するまでスズキの経営に携わった桐山氏は、東京駐在時代の鈴木修常務（当時）にとって頼りになる右腕だった。当時の修常務の仕事は「スズキとしての人脈づくり」や運輸省（現国土交通省）など中央官庁とのパイプ作り、および陳情だった。桐山氏の担当はマーケティングだったが、修常務の仕事をサポートした。

当時、鈴木自動車工業東京支店のマーケティングスタッフは、桐山氏を含めて4～5人だったという。浜松の本社にもマーケティング部門はあったが、桐山氏は営業経験を積んだ後に東京という最前線でマーケティング部門に配属された。直前の赴任先は京都だった。1971年の終わりごろに東京へ赴任し、初代アルトが発売される前年、1978年の初頭まで東京で仕事をし、修常務と一緒に浜松へ戻った。当時のことを、桐山氏はこう語る。

「修常務が役所に陳情書を持って行くとき、データを揃えたのは私だった。私自身もいろいろな人に会っていたし、修常務ともよく話をした。東京でマスコミの人や中央官庁の人などと会うのは、やはり浜松とはまったく事情が違った。私としては、スズキの欠点をとことんまで洗い出して考えた時代だった」

ちなみに本書で鈴木修氏のインタビューを行なった元日刊自動車新聞社社長の佃義夫氏について桐山氏は「いろいろな話をしたし、よく遊んだ」と言う。そんな桐山氏には、初代アルトについてお伺いしたいことがいくつかあったが、質問を切り出す前に、こんなことを言われた。

「大学の先生に相談しに行くと、『農家や商店などを一軒一軒ていねいに回るのがスズキ。それで1台1台を稼いでくるのがスズキの生き方ではないか』という話を聞かされた。これは浜松へ帰った修専務にも伝えた。『そうだな』と納得していた」

ひょっとしたら、このときの会話が「俺は中小企業のおやじ」という鈴木修氏がたびたび口にするセリフの起源だろうか。確証はないし桐山氏もこれ以上のことは言わなかった。しかし、状況証拠としては非常にいい。

「当時は販売拠点の数とセールススタッフの数で販売台数が決まった時代だ。トヨタや日産はそれで勝負していた。スズキはそんなに拠点がないから町のモーター屋さんに売ってもらっていた。ただし、そのころは軽は売れていなかった。通産省（現経済産業省）の役人から『もう軽はいらない』と言われた。いまでこそ黄色のナンバープレートは定着したが、当時あれは恥ずかしかった」

いまでも黄色いナンバープレートは、完全にウェルカムではない。オリンピック／パラリンピックの記念ナンバープレートはベース色が白なので、軽ユーザーには喜ばれている。黄色かった理由は、有料道路の料金所などで見分けるためだった。

「クルマにお金をかけたくないお客さんには燃費と車両価格でアピールしたし、当時は税金、保険、車検では優遇されていた。軽は届出車だったから車庫はいらなかった。保険会社にも優遇してください、と陳情に行った。軽にはファンがいたから応援してくれた。ファンを作ることが大事だ。アルトの最小回転半径4.4m。小回り機動性は重要だった」

桐山氏は、初代アルト発売前後の事情をこう語った。

「初代アルトのデザインは、クルマが軽の割には大きく見えたし、室内も広そうに見えた。あのころクルマの常識は桃栗三年柿八年、デザインが角張ったやつ（柿）は八年もつ。丸みを帯びたデザイン（桃栗）だと3年しか持たない、と言われた。角デザインをやった元デザイン部長の吉村君は素晴らしい勘だった。クルマの仕上がりとしてはシンプル・イズ・ベスト。細かいものは後付けオプションにした。これらはぜんぶ修さんの決断だった。赤いアルトにして『さわやかアルト』。女子プロボウラーの中山律子『さわやか律子さん』から頂戴した。『さわやか』って、いいね、と」

1970年代は日本中が熱狂したボウリングブームだった。中山律子は日本の女子プロボウラー1期生。東京タワー（当時は日本電波塔株式会社）が建てたタワーボウルの所属プロで、いまのプロアスリートにたとえれば大坂なおみ級の知名度だった。

「女性に売りたい、気持ちよく乗ってもらいたいからファッション性。パリにも似合う使いやすさ。だからCMに起用した女性の名前はマリアンヌだった。アルト2代目ではマリアンヌ仕様も出した。エアコン、専用シート地、カラードグリル&バンパーなど付いて59・8万だった」

筆者が伺いたかったひとつめの質問。初代アルトの開発背景となったデータは桐山氏が集めたと聞いているが。そこはどうなのだろう。

「基礎データは私が集めた。たくさん資料は用意したけれど、報告は2ページ以上にはしなかった。修さん以外の役員からは『お前は雑駁（ざっぱく）だ、態度がでかい』と言われた」

ふたつめ。初代アルトがボンネットバン（貨客兼用車）というカテゴリーで発売された経緯である。このカテゴリーそのものは日本の自動車関連法規のなかで古くから存在したが、初代アルトの誕生とともに軽自動車の主役に躍り出た。筆者が運輸省記者クラブ詰めだった1980年代後期、当時の地域交通局（現自動車交通局）の局長以下課長級諸氏からは鈴木修氏の話をよく聞かされた。悪く思っている人はひとりもいなかった。自動車に限らず、日本の許認可行政のなかでは規制当局に「相談すること」が極めて重要であり、当然、初代アルト発売前にスズキは運輸省に貨客兼用車として売ることについて打診していたはずだ。

3つめは、初代アルトの頒価だ。47万円は、いつ、誰が決めたのか。

「私はヨーロッパ（4・6・8）イメージで46万8千円でいこうかなと思っていた。このクルマを女性にファッション性で売るにはそのほうがいいと思ったが、修社長はキリのいいシンプルなほうがいいと47万にした。コストの積み上げやマージン関係、全国統一価格も大変だったが、東海道ベルト地帯でたくさん売って、そこで稼いだお金で北海道の運賃はカバーできると修社長も言っていた。そういう事情にはものすごく詳しかった。物流のこともよく知っていた。稲川さんの回顧録だと45万が当初案になっていた。しかしそれで全国統一価格は難しかったから2万円上がったという人もいる。稟議書にはいろんな案があった。最終的には会長が47に○を付けた。決定権は修さんにあった」

いくつかの候補のなかから、当時の修社長が「47万円」に○を付けた。筆者はそう聞いているが、引退直前にインタビューした鈴木修会長（当時）もはっきりとは言わなかった。桐山氏も言うように、修社長の判断だったことは間違いない。桐山氏はこうも言った。

「46万8000円でも、月に5000台売れれば元が取れる計算だった。当時は月3000台が相場だった。それと、全国統一価格を打ち出すときは、公正取引協議会にも打診した。業界で初めての試みだから、たとえ法律的には何ら問題はなくても、ご意見は伺った。『それは悪くない』と言われた。私の東京時代の人脈が役に立った」

4つめは初代アルトのデザインを初めて見たときの印象。どう感じたのだろう。

「売れると思った。シャープなラインで角ばってるのと、意外と広く見えた。広く見えると印象はぜんぜん違う。当時のスズキは、フロンテが丸かった。スズキとして初めての直線のクルマだったんじゃないかな。さっきも言ったように、吉村さんの力が大きかった。車体もしっかりしていた」

5つめはフロントウィンドウをぐるりと囲むシルバーのモール。これを入れなさいと言ったのは桐山氏だと筆者は聞いている。

「これだけは絶対に入れなければいけないと思った。ゴーサインをくれたのは稲川さん。稲川さんを説得しなければならなかったが、稲川さんは感性の鋭い人で、すぐに私の意図をわかってくれた。生産が始まる直前にフロントウィンドウのモール追加が決まった」

稲川さんとは、当時常務取締役でのちに1987年1月から93年6月までスズキ会長を務めた稲川誠一氏である。稲川氏の後任として会長に就任したのが、技術陣のインタビューに登場していただいた内山久男氏である。

6つめ。メインのボディカラーを誰が赤と決めたのか。この点は技術陣インタビューでも明らかにならなかった。

「私も目立たせたいとは考えた。せっかくデビューするんだから、思い切っていままでの常識を破ろう、と。そういう思いがあった。女性を狙う意味もあったが、思い切ったことをやろうと思った。この赤も苦労した。赤はたくさんあって、どの赤にしようか、と……」

桐山氏も「誰が赤に決めたのか」には触れなかった。筆者は、最終的には鈴木修氏の判断だろうと思う。技術陣も内山元会長も、商用車然とした色がいやだったこと、当時の常識を破ろうと思っていたことは語ってくれた。3色の組み合わせ候補のリストに○を付けたのは修社長だったと思う。

7つめはオプション。頒価47万円のなかに標準装備として入れられる装備は限られている。オプションの決定はどのような手順だったのか。

「当時、用品それぞれの担当がいた。そのなかから内山さんがひとつずつチェックしたと思う。最終決定は修社長だった。『こんなものはいらないだろ』と言うこともあったが、機能的なものはできるだけ生かしたいという気持ちがあった。車両価格47万円で諸費用は5万円くらい。オプションのなかから何か選んでも50万円台でおさまった。値段のインパクトは大きかった」

8つめは、初代アルト発表直後に開催された副代理店大会の件だ。ここで全国の副代理店から大量のオーダーが集まるが、桐山氏が初代アルトのヒットを確信したのはこのときだったのか?

「副代理店大会は当時、私の企画だった。全国の副代理店を呼んで、商品説明を稲川常務にお願いし、修社長には、開発の経緯他スズキのアルトにかける熱い想いをお話していただいた。その後に、副代理店にアンケートを取った。自分の店でこれくらい売るというチャレンジ台数を書いてもらった。それを集めたらすごい数字になった。これは大変なことになるぞと思った。」

やはり、副代理店大会でのアンケート結果は予想外だったようだ。そして、桐山氏が「これは大変なことになる」と予想したとおり、アルトの受注は大変なことになった。桐山氏は「アンケートの答えの中身を見て、ここは重要だと思ったらその副代理店の店主に会いに行った」そうだ。これは「営業の現場で培った勘だ」と言う。

初代アルトの価格と売れ行きを見て、ライバル他社も同じボンネットバン市場になだれ込んできた。アルト発売直前の1979年4月1日、軽自動車税が10％値上げされ乗用車系モデルがこの影響を受けたこともアルトにとっては追い風になったことだろう。かつて筆者が取材したときには、初代アルトは輸出も含めてほぼ「在庫ゼロ」の状態が続いたと聞いた。しかし、軽乗用車からボンネットバンへと需要がシフトするのを大蔵省（現財務省）が黙って見ているはずはなく、その後ボンネットバンにも5・5％の物品税がかけられた。このときスズキは、47万円を維持するために後席を取り払った2人乗りを出した。4人乗りは物品税の影響で49万円程度になった。

「修会長は昔から1cc＝1000円と言っていた。550ccなら55万円。660ccは66万円、1300ccは130万円。確かにそうだな、と思う。競争は熾烈だった。競争が商品を磨いた。ダイハツさんのようなライバルがいたおかげで軽自動車が切磋琢磨して伸びてきた。競っているからクルマもよくなる。ライバルがいて初めて頑張れる」

こう語る桐山氏は、東京のマーケティング部門から浜松に戻り、営業企画課長や秘書課長などを歴任した。専務取締役を退任してからもう14年になるが、今回のインタビューのために、過去の出来事を整理し、Ａ４のペーパー１枚に手書きのメモを作っていた。簡潔に、的確に、ご自身の仕事をまとめていた。桐山氏も、初代アルトの誕生を影で支えた重要なスタッフのひとりだった。

第 三 章

初代アルト
販売店の証言

初代アルトが販売店に与えた効果

そもそも、初代アルトはどんな商品だったのか

初代アルトがもたらした効果について、ある販売会社の幹部はこう語っていた。

「ひとつは新規稼働店が昨年の2倍に増えたこと。もうひとつは新人セールススタッフの育成に良い効果をもたらしたこと」

「店頭での成約率は抜群に高かった。くどくどと商品を説明するよりも実際にクルマを見てもらうほうが早かった」

「アルトのお客さんの2割を女性が占め、ウチでは新規の方が30％、代替えが70％だった。その代替えの約半分が他銘柄からの乗り換えだった」


筆者が日刊自動車新聞社で流通担当の編集第3部に配属になったのは１９８３年の4月だった。先輩記者に同行して毎日販売会社の取材に出向いた。そのなかで、9月から街のいわゆるモータース店、スズキで言うところの副代理店を組織的に取材する企画モノの担当になった。そのとき、スズキの副代理店だけでなくダイハツや三菱自工のお店にも足を運んだ。初代アルトの登場で、すっかり軽の世界はボンネットバン（略してボンバン）ブームになっていた。富士重工（現スバル）は商用車ベースで初代アルトの5カ月後に対抗し、ダイハツはアルトの1年1カ月後の１９８０年6月に「ミラ・クオーレ」を投入した。１９８１年9月にはスバルが本命の「レックス・コンビ」を投入し三菱も「ミニカ・エコノ」で

追撃に出た。しかし、先行したアルトを攻めるのは容易ではなく「クルマを1台売ることがいかに大変か」を、筆者はこのときの取材で知った。

そもそも、初代アルトはどんな商品だったのか。簡単に振り返ってみる。

1975年の軽自動車規格改定により、ボディサイズはそれまでの全長3・0×全幅1・3メートル以下から全長3・2×全幅1・4メートル以下へ、エンジン排気量は360cc以下から550cc以下へ、それぞれ拡大された。1951年以来、じつに24年ぶりの改定だった。この背景は「高速道路網の整備が進んだこと」「排ガス規制の導入」「安全面での必要性」だった。2021年現在は、全長3・3×全幅1・48メートル、エンジン排気量660cc以下である、ただし全高制限は1951年に2メートル以下と定められて以降、現在でもそのままである。

初代アルトは軽貨客兼用車（軽ボンネットバン）の規格で作られた。細かい規定はいろいろあるが、ごく手短に言うと「荷物スペースの前後長は運転席／助手席（乗車設備）よりも長いこと」「後部座席には背もたれのリクライニング機構などを持たないこと」「水平で平坦な床面が0・6平方メートル以上あること」「荷物室のドアは縦600ミリ×横800ミリ以上であること」を満たしているクルマである。インドのマルチ・ウドヨグで最初に生産された「マルチ800」前期型は4ドアであり、厳密には2ドアの初代アルトと4ドアの5代目「フロンテ（SS80）」の合体版と言うほうが正しい。後席スペースを広く取った完全な4人乗り乗用車であり、インドでは「オーナーが後席に座るショーファーカー（お抱えの運転手が運転する車）」という使い方もされていた。

駆動方式はエンジンと変速機（トランスミッション）を直結にしたパワートレーンを前車軸側に横置

き搭載し前輪を駆動するFF（フロントエンジン・フロントドライブ）であり、現在の軽自動車もほとんどがこの方式である。サスペンションは前輪がマクファーソン・ストラットによる左右独立懸架でばねはコイルばね、後輪は左右を連結したリジッドアクスルに板ばね（リーフスプリング）だった。ブレーキは前後輪ともドラム式で、前輪はツーリーディング、後輪はリーディング・トレーリングと呼ばれる方式を採用していた。ディスクブレーキはまだ軽自動車では一般的でなかった。

よく「リーフスプリングは古くて安い機構」と言われるが、アルトには板ばねの長さ方向で断面形状を変えたものを2枚重ねて使っている。もともと荷重がかかる（ストロークが増える）と踏ん張る方式であり、プログレッシヴレートのばねである。現在は超軽量の樹脂製横置きリーフスプリング開発が進められており、けして「古くて安い機構」ではない。むしろ次世代サスペンションの主役候補のひとつである。同様に、リジッドアクスルは車輪の位置決めが確実であり直進安定性は抜群に高い。かつて初代アルトを運転したときの記憶で言えば、「軽快に、何の不自由もなく走る」だった。

そういう初代アルトを実際に売っていた方に当時の様子を伺うため、スズキに浜松近郊の販売店を紹介していただいた。株式会社オートサービス湖西が運営するスズキアリーナ湖西と、株式会社市野スズキ商会である。

スズキアリーナ湖西
「軽自動車が開花したのはアルトのおかげだ」

まず、株式会社オートサービス湖西が運営するスズキアリーナ湖西。当時を知る代表取締役社長の豊田俊雄氏はこう言った。

「売る側の立場は前ばっかり見ている。後ろは見ない。初代アルトについて何を憶えているかなぁという と、販売では苦労をしなかったクルマということくらいかな。ポツンポツンと記憶にあるのは、4サイクル仕様が出てしばらくしたら2サイクル車の下取りが入ってきて、乗ってみると重心が低くてよく走る。新車を売るときは試乗しなかったし、だいいち試乗車がなかった。入ってくるクルマは右から左へと売れていった。あらためて乗ってみて、いいクルマだと思った。軽自動車が開花したのはアルトのおかげだ」

2輪と4輪の併売店がアルトを足掛かりにしてどんどん4輪販売へとシフトしていった、という。豊田社長は続ける。

「圧倒的に赤が多かった。営業車は白だった。当時は指名買いで、『納車まで待っていただくことになりますが』と念を押しても、それでいい、と。試乗車がなかったのに、乗らないで買ってくれた。47万円の威力は物凄かった。3ドアだけだったけれど、お客さんは気にしていなかった。値引きをした憶えはないんですよ、お陰様で（笑）。ラジオとシガーライターの注文は多かった。時計はあまり注文がなかった。アクセサリーを買っていってくれたお客さんはほとんど記憶にないですね。愛車セット（注・洗車用のスポンジ、タオル、カーシャンプーやワックスなどのセット）だけは買ってもらった。あとは2サイクル用のエンジンオイルをサービスで付けた。ガソリン満タンサービスはやらなかった」

鈴木修社長（当時）のスピーチ、「あるときはお買い物に、あるときは……」が販促には効果抜群だったと言う。そして「初代アルトでつかんだお客さんが、そのあとも買ってくれた」という。

「初代アルトのお客さんは、みなさん若かった。いちばん印象に残っているアルトは、特別仕様車が出始めたころの、エポだとか、そのあたりかな。何といっても初代アルトはタイミングが良かった。2輪のヘルメット義務化で、2輪のお客さんが4輪へシフトし始めた時期にアルト発売だった。そこへ主婦層が買いに来てくれた。当時の湖西はまだ公共交通が発達していない地域なので、なおさらだった」

現在の売れ筋は、と尋ねると「スペーシア、ハスラー、それとジムニーは納車待ちです」と言う。同

現在の株式会社オートサービス湖西が運営するスズキアリーナ湖西の店舗（湖西市）

社は平成元年にサービス工場以外は女性スタッフだけという店舗も作った。「女性の営業マンのほうが優秀だった」と言う。

「お付き合いの長いお客さんとは、本当に家族ぐるみ。3代目アルトのあたりからそういうお客さんが増えた。世代を超えて乗っていただけるクルマをメーカーが出してくれるのがありがたいと思う」

豊田社長はそう言った。

市野スズキ商会
「店に入って来て一発で決めるお客さんが多かった」

続いて株式会社市野スズキ商会にお邪魔した。代表取締役会長の市野弘之氏は根っからのクルマ好きという印象の方で、若い頃はレース仕様車のメカニックをしていた。筆者も好き者なので、初代アルトの話よりもそちらの方面の話題に花が咲いた。「ところで初代アルトは……」と切り出すと、こう言った。

「47万円にはビックリしたね。同業からはよく『アレを売っても儲からないでしょ?』と言われたけれど、儲かったね。何が苦労したかと言うと、お得意さんへの納車の順番だった。この人に先に納車しないとなぁ、でもこの人も……ってね。なかには『車両代50万円でいいから、先に』と言う人もいた。ウチのお客さんは新し物好きが多かった」

試乗車はあったのですか、と訊くと

「試乗車なんてなかった。ほとんどのお客さんは試乗していない。店に入って来て一発で決めるお客さんが多かった。オプションではシガーライター、ラジオ、フロアマット、バイザーかな。これらを入れても60万円で収まった」

こういう話をしている間にも、パイクスピークでのヒルクライムの話になったりする。

「ああ、そうそう、ブレーキが良く効く。とくに雨の日なんかは、ほかのクルマの感覚でブレーキペダルを踏むと効き過ぎちゃう。それと音。いわゆる『鳴き』には泣かされたけれど、あの走りはとても47万円で他社が追従できるもんじゃなかった」

印象に残っているクルマを尋ねると「そりゃアルトと空冷3気筒のフロンテだよ」と言う。

「初代アルトは売れると思った。ホントによく売れた。バンパーやミラーがピンク色のJUNAは売れるかどうか心配だったけれど、発売から半年も経つと違和感がなくなって、思ったよりも売れた。そのあとではアルトワークスがよく売れた。ワゴンRは売れそうにないと思ったけれど、売れたね（笑）」

スズキアリーナ湖西も市野スズキ商会もスズキのお膝元の販売店だ。しかし、それを差し引いても、初代アルトはよく売れた。筆者は以前、東京でも同じような話を聞いたことがある。

「47万円は衝撃だった。ワングレードである点も良かった」

両方の店舗で伺ったことは、まさに鈴木修社長の戦略が的中した結果としての売れ行きだった。ライバル車より圧倒的に安い。安いけれど「安かろう悪かろう」ではない。物品税の部分がコストの大きな「削りしろ」となりコストダウン効果を増幅した。そして、徹底的にコストダウンしたクルマに、最後は「シェフの魔法」が入った。フロントウィンドウのシルバーモールは、別稿にあるように桐山氏が稲川誠一常務（当時）に進言し許可をもらった。鈴木修社長は荷室にカーペットを敷かせた。シェフが最後に料理の味見をして「うん。味はいい。しかし見栄えにひと工夫だな」と、色の鮮やかな薬物や丁寧に細工した小さな野菜、あるいは皿を彩るソースを少し付け足す。多少のコストはかかるが、見栄えが格段に良くなる。そんな魔法だ。

筆者が生まれ育った東京の下町、墨田区江東橋にも、街のモータース店がたくさんあった。家業が整備工場兼モータース店という小学校・中学校の同級生は7〜8人いた。筆者が初めて運転した初代アルトはそういうお店の自家用車兼デモカーだった。1階に事務所とリフトがあって、そこだけ妙に小ぎれいな商談スペースにカタログが置いてあったのを憶えている。その友人宅には「スズキ」の看板が掲げてあったから、おそらくスズキの販売店だったのではないかと思う。わが家の近所で自動車ディーラーからクルマを買っていた家はほとんどなかった。

自転車を売っていたお店がオートバイを売るようになり、整備もするようになった。そのなかから4

浜松市東区にある株式会社市野スズキ商会の店舗

輪車を売るお店がどんどん出てきた。時代とともにメインストリームの商品が変わり、お店のスタイルも代わる。初代アルトは、その変化を演出した商品でもあった。そして、初代アルトのお客さんの家庭に育った人たちが、新しい家族を連れてお店にやってくる。そんな姿を筆者は、スズキアリーナ湖西と市野スズキ商店で久しぶりに間近に見た。

第四章

初代アルトサプライヤーの証言

サプライヤーにとっての初代アルト

初代アルトは、サプライヤーにとってどんなクルマだったのか

いまの自動車は、1台平均で4～5万点の部品が使われている、と言われる。少し前までは3万点と言われたが、電子装備の増加が総数を押し上げた。初代アルトのころは、おそらく1万点もなかったのではないだろうか。スズキ歴史館に展示されている実車を観察するとそう思う。小さくて、軽くて、簡素。飾り気なし。しかし、これは現在の目で見た印象であり、当時このクルマを原価35万円で作るという難題を達成するためには、部品点数をできるだけ減らし、難しい加工は行なわないという方法が採られたと推察する。しかし、見栄えは犠牲にしない。

自動車を構成する素材は鋼（鉄）、アルミ合金、ガラス、布、樹脂、ゴムなどさまざまであり、その使用量が大方の原価を決めてしまう。現在、自動車用の鋼材は、ボディに使われる亜鉛めっき鋼板や超高張力鋼板などの高級材を含めて1トン当たり約10万円と言われる。ホワイトボディと呼ばれるボディとフタもの（フロントフードとドア類）の重量は1600ccクラスの乗用車で約250kg。素材費用だけで言えば、ホワイトボディだけでは2万5000円である、

しかし、すべての素材に加工が施される。ドアを作るときは、ドアの大きさに裁断した薄い鋼板を設計形状へとプレス成形する。裁断にも成形にも機械がいる。工作機械は安くない。ドアに取り付けるヒ

ンジは別部品としてプレス成形され、これをドアに溶接する。溶接にも機械がいる。工作機械を動かす動力が電気だとしたら、電気代もかかる。溶接にも電気を使う。そして、作業をこなすスタッフには報酬を支払わなければならない。これらのコストの積み重ねが製造原価である。

今回、初代アルトのための部品を供給した株式会社ベルソニカと三恵株式会社のサプライヤー（部品供給事業者）２社に、当時の様子を伺った。果たして初代アルトは、サプライヤーにとってどんなクルマだったのか。

自動車メーカーからサプライヤーに対しては「こういう部品をこの値段で、毎月これくらい供給してほしい」という依頼がいく。ここで話し合いが行なわれ、細かな取引条件が検討され、自動車メーカーとサプライヤーの双方が合意すれば、そこで契約が交わされる。

現在の一般的な自動車メーカーとサプライヤーとの間の契約は、１個当たりの納入価格と毎月の製造個数がまず基本だ。クルマが売れずに発注が減ることへの補償として、一定期間内の最低買取個数が決められる場合もあるほか、生産設備の減価償却を自動車メーカー側がある程度補償する場合もある。初代アルトとサプライヤーの契約がどのようなものだったかはわからないが、製造原価目標の必達が至上命題、いまでいうコミットメントであり、サプライヤーに提示された条件はかなり厳しいものだったと想像する。

しかし、初代アルトは大ヒット作となり、生産台数は当初予定を大幅に上回った。そのなかでサプライヤーは何をしたのか。ここを尋ねた。

株式会社ベルソニカ　代表取締役会長鈴木勝人氏
「どんどん仕事が増えていった」

株式会社ベルソニカは1956年に静岡県湖西市で創業した。創業者である鈴木弥一氏にちなみ、社名は鈴弥産業株式会社だった。その後、1990年に現在の社名になった。鈴弥産業は創業と同時にスズキの2輪車用車体部品を受注、スズキとの関係が始まった。いまから40年ほど前、初代スズキ・アルトの生産が始まったころの話を鈴木勝人氏に伺った。

「初代アルトが発売された1979年当時は2輪の部品が半分弱だった。会社全体では約8割がスズキの仕事だったが、200～300トンのプレス機しか持っていなかったため、2輪の車体の板金部品が主体だった。そういう設備で作れる部品しかやっていなかった」

現在のベルソニカは、車両のフロントエンド、サイドメンバー、A／Bピラー、リヤメンバーといったボディ骨格に使われ衝突強度とボディ剛性を担う重要なパーツを製造している。そのため3000トンのトランスファープレスなど大型設備を持つ。

「初代アルトの受注品は主に4つだった。バックドアの溶接コンプリート、ランプサポート、ブレーキペダル／クラッチペダル／アクセルペダルのアセンブリー、それとシーム溶接と塗装で仕上げるオイルパン。そんなところだった」

アルトの部品を受注できて良かったか？

こう尋ねると、意外な答えが返ってきた。

「基本台数は月５０００台と言われたが、過去の経験から、まあせいぜい２０００～３０００台だろうと思った。５０００台なんて出るわけない、と。あのころは２輪の仕事がけっこう忙しかったので、月２０００～３０００台程度ならウチの生産能力で間に合う、と。しかし、フタを開けてみたら本当に５０００台になって、それが１万になって、あれよあれよと言う間に１万５０００台になった。それでも受注増は止まらず、月２万台になった」

鈴木勝人氏はＡ４サイズの紙を取り出した。初代アルトにまつわる件をまとめてくれていた。

「あの当時の現場を知っているかつての従業員にも、あのころはどうだったかと尋ねてみた。『いやいや、あのころは残業なんていう程度ではとても追い付かなくて、残業４時間終わった後も、モノができなければ真夜中まで仕事した』とか『土曜日なんてなかった』と言われた」

当時の小物プレス部品は、木型を作り、それをもとに鋳物を作り、「倣い」の加工（倣いとは、見本と同じ形になるようにトレースする機械。現在でも合い鍵を作る際などに使われる）をした後にプレスで製品を作っていたという。ランプサポートやブラケット類はこれで間に合った。塗装が必要なオイルパンは、２輪車の燃料タンクを請け負っていた経験からノウハウはあったという。しかし、数が問題だった。

「もちろん設備の増強は受注が増えるたびに何回もやった。現在のようにロボットを使ってほとんどすべてが自動という時代ではなくて、人の手で作っていた。人が多いから、ちょっとしたジグを作ればプレスを打てる。場所を分散してでも仕事はできた。あのころは周囲にも協力を頼んだ。同時に自社の設備も増やしていった。でも、受注数はある線を越えると間に合わせるのが大変だ。ウチの部品生産が間に合わなければスズキの車両工場が止まってしまう。この要件のほうが最優先だから、無駄もへったくれもなくなる。とにかく間に合わせる。そうなると利益は出ない。右から左へモノを流すだけの商売なら取扱量がすべてだろうが、製造業はそうはいかない。4時間残業にでもなれば、従業員に食事を出してあげなければならない。本当に大変だった」

鈴木勝人氏の脳裏には、当時のことがどんどん浮かんでくるようで、話のテンポがだんだん速くなる。

「当時なら人を雇えば済んだだろうにと思う人もいるだろうが、とんでもない。人を増やしたくても増やせない時代だった。自動車メーカーでさえ、東北や北海道の農家から手伝いに来てもらっていた。農閑期に工場で働いてもらうため大企業の製造業が真っ先に人集めをしていた時代だった。だからウチのようなところには働き手なんぞ回ってこない。従業員に4時間も残業してもらって、翌日も来てもらわなければ困るから気を遣った。従業員のほうも、あしたの夜も10時だ11時だの残業になることはわかっている。とにかく出社してもらわないと困る。代わりの人なんかいなかった。それと、我々の仕事も大変だったが、ウチが担当する部品の数が揃うまで毎晩待っていてくれたトラックも大変だった」

通常、新型車の受注は減っていく。発売したばかりのときは販売店の展示車・試乗車を揃えるために月間販売目標の2倍程度の生産で始まり、初期受注が一段落すると生産は少しずつ減る。しかし、初代アルトは受注が減るどころかどんどん増えていったという。そこで鈴木勝人氏に尋ねた。初代アルトは売れると思ったか？

「私自身もそうだが、当時の従業員に聞いても、誰も爆発的に売れるとは思っていなかった。いつものとおりだろう、と。排出ガス規制がやっとスズキでも何とかなって、しかし当時、軽自動車はぜんぜん売れていなくて、その時代に『この値段で部品を作ってくれ』といわれたら、そりゃ半信半疑だ。まあ、修さんがスズキのトップだったたから、一緒にがんばってやってみるかというのが正直なところだ」

しかし、このあと鈴弥産業は成長する。

「アルトの仕事がどんどん増えていったので、これはもう4輪部品にシフトしないといけないと思った。時期は憶えていないが、300トンのアイドルプレス機を買った。アルト発売の5年後には、もうスズキ以外の仕事はお断りした。現在、ウチはほぼ100％がスズキの仕事」

初代アルト以外に印象に残っているモデルはあるかどうか鈴木勝人氏に尋ねた。答えは初代ワゴンRだった。ワゴンR登場時には鈴弥産業はベルソニカに社名が変わっていた。そしてテクニカルパーク湖西に工場を新築し本社機能を全面移転していた。

「ワゴンRはものすごくよく憶えている。いまの工場に移転して稼働したのは1992年の8月。後からわかったことは1990年にバブルは弾けていた。実際、世の中が大変だったのは1993年だ。その当時は金利も下がって、いろいろ世の中に影響が出ていた。その1993年の夏にワゴンRが出た。不況の真っ只中なので、同業があまり部品の仕事を受けなかった。たぶん売れないよ、と。なので、ウチが仕事をみんなもらった。新工場を建てたばかりだったから工場の稼働率を上げるしかないという台所事情もあったから受けた。そうしたら大ヒットしてしまった。わが社にしてみればワゴンRはまさに救世主だった。工場を移転して、とにかく仕事をもらって、2年目には設備の減価償却ができたうえに利益まで出せたのだから」

鈴木勝人氏は1987年にベルソニカの社長に就任した。新工場建設はその後だ。この新工場のエピソードを鈴木勝人氏は語ってくれた。

「工場の竣工式の1時間以上前に修さんが来てくださって、工場を隅々まで見てくれた。しかも、来賓の挨拶で『まだ建屋は敷地の半分くらいだし、もっとウチがベルソニカさんに仕事を出してやらないと、やっていけないだろうなぁ』なんていうことを平気で言う。それを聞いているのは、融資してくれた銀行の方だったりするわけです。気遣いなんですよ。何よりもありがたかった。修さんが銀行に『この会社は大丈夫だよ』と言ってくれたのですよ」

話を伺えば、初代アルトの部品単価はものすごく安かったそうだ。材料費は変わらないから加工費をいかに削るかしか手はない。しかし、それを台数がカバーした。商品がヒットしさえすればサプライヤーも潤う。鈴木勝人氏にとって初代アルトの思い出は、とにかくヒットし、その後のベルソニカの方向性を決めてくれた商品なのだろう。鈴木勝人氏は最後にこう語った。

「修さんはつねに小・少・軽・短・美と言っている。この5文字はあとで完成した標語ということになっているが、おそらく、ずっと昔からこう思っていたのだろう。初代アルトのときも、ただコストを下げればいいとは言っていなかった。商品としても見栄えにも気を配っていた。初代アルトも小・少・軽・短・美だったのだろう。いまになってそう思う」

三恵株式会社　所洋史取締役社長
「初代アルトとワゴンRが、会社を変えた」

故・所治男氏（会長）が愛知県西春日井郡新川町（現清須市）で始めた自動車部品および時計部品の合成樹脂（プラスチック）加工会社が同社のルーツである。１９６０年に法人組織の三恵株式会社となり、鈴木自動車工業（当時）とはその3年後に取引が始まった。初代アルトの生産が始まった頃、所洋史取締役社長は大学生だった。しかし、ご両親がものすごく忙しそうに仕事をしていたのを憶えている、という。

「初代アルトがどれだけ売れて、うちがどれだけその恩恵にあずかったかは、すべてあとで聞いた。ボクが家業を見ていて憶えているのは、アルトのバックドアに付いているエンブレムをやっていたこと。あとはインパネにつく小さな樹脂部品だったと記憶している。ボクが大学を卒業したころ、ウチは名古屋と浜松に工場があって、名古屋では金型を作っていて、その近所に小さな成形工場もあった。そこでアルトの部品を中心に作っていたようだったが、あれよあれよという間にどんどん受注が増えて、聞いた話では設備が足りないから24時間フル操業だったらしい。だから親父とお袋は家に帰ってこない。3～4カ月先まで仕事がびっしり入っていると聞いた」

当時を思い起こしながら所洋史氏は語る。

「お袋からは『とんでもない量の仕事が入ってきちゃった』と聞いていた。アルトの部品は単価が安いといろいろな人から愚痴を聞いたことがあって、こんな単価でやってたんじゃ会社が潰れるなんて話も聞いたが、受注量がどんどん増えていって、おかげさまで浅羽町（旧・静岡県磐田郡浅羽町、現袋井市）に工場を買って、そこはスズキの磐田工場向け部品の専門工場にした。まだ2輪の部品も多かったから浜松が2輪の豊川工場と湖西工場の仕事、名古屋は小さな樹脂部品を担当するという形になった。あまりにアルトの部品が多くなったので名古屋での金型製作をやっていられなくなった。アルトのほうが儲かるわい、と。最初は親父も『アルトは儲からない』なんて文句を言っていたが、結局、アルトで儲けさせていただいた。本当にアルトの恩恵だった」

以前なにかの折に鈴木修会長に「本当に原価は35万円だったのか」と尋ねたら、「本当だ」との答えだった。だとしても、これは当然、サプライヤーの協力がなければできない。いっぽうサプライヤーは「こんな単価じゃ儲からない」と思いつつも「仕方ねえなぁ、スズキが頼んでくるんだから……」ということだったのだろう。この当時の話を伺うと、みなさん、口々にそう言う。果たして、アルトの販売台数がどんどん増え、サプライヤーへの発注もどんどん増えていったわけだが、これはありがたかったのだろうか？

「もちろん、ありがたかったと思う。増産に対応するための設備を買うにも、材料を切らさずに確保するにもお金が必要で、ウチもずいぶん借り入れしたと聞いた。それでも磐田に工場を建てたのだから、借入返済のめどがあったからだと思う。いまはボクが社長だが、98％くらいがスズキさんの仕事」

三恵株式会社も初代アルトの部品受注を機に事業を拡大した。浅羽町の新工場は大恵株式会社の社名で別会社として設立、のちに大型機集約工場とするための改築が１９９２年に行なわれた。初代ワゴン

Rが発売される1年前のことだ。
「ワゴンRのときも盛況だった。ボクもあのころは営業をやっていたので憶えている。たしかスタートは月3000台だった。それに合わせて樹脂成形の型の作り方もコスト設計も決めたが、出たとたんからどんどん受注が増えていった。いちばん問題だったのは設備よりも型だった。取り個数を2個にする、4個にすると倍々にしていった。型費はかかるけれど1個当たりの単価は安くなる。月3000台しか出ないなら1個取りでも多いが、4個取りにして金型ランクを上げてもコスト計算すると採算は合う。すぐにスズキへVA（バリュー・アナリシス＝価値分析）提案した。月3000と1万とではものづくりの仕方が変わる。我われは樹脂成形の会社なので、型でやった」

採算割れはしない。では利益はどうだったのか。トントンだったのか、それとも利益は出たのか。
「樹脂は材料比率が高いので、正直いってそれが利益に結びついたかと言うと……もう一段、事業を見直さなければならなかった。鈴木修社長（当時）が1996年くらいに分工場政策を打ち出した。『君たちみたいな100人にも満たない会社は、将来は転業するか廃業するかしかないぞ』なんて言われた。『スズキの子会社程度の規模にならなきゃスズキの下請けとしては扱わない』と。そこで、工場がばらばらではいけないから名古屋を閉鎖し、小沢渡はアルトで建てた浅羽に統合していったが、それでもコストは厳しい。そこで修社長に『塗装をやらせてほしい』とお願いした」

目に触れる場所に使う樹脂部品は、必ず表面に塗装などの処理が施される。ここで「見栄え」を演出する。しかし、塗装には技術がいる。これを決断したのは所洋史氏である。1991年に社長に就任し、初代ワゴンR量産開始前に実施した工場改築を決断し、さらに1995年には浜松工場から浅羽工場へ全機能を集約した。

「塗装は会社の基盤を作るのに役立った。成形品を収めるだけでなく、塗装して、一貫化して納める。新しい分野をくっつけていったことが良かった。付加価値がまったく違う。あのころの鈴木修社長がおっしゃっていた、一貫化できるスズキの分工場というコンセプトに乗ることができた。その後調子に乗って樹脂めっきに手を出し、いまでもやっている。樹脂成形そのままで100円だとすると、塗装すれば500円くらいになる。めっきは100円が1000円になる。ただし技術レベルがドカンと上がる。ここが大きなチャレンジだった」

三恵株式会社は2000年10月に静岡県磐田郡竜洋町（現磐田市）に土地を取得し、新工場建設に着手した。完成は翌2001年4月。成形から塗装までの一貫生産体制が整った。

「設備投資は大変だったが塗装ができれば成形品も大きくなる。現行モデルのワゴンRでは、グリルまわり、スポイラー、スティングレーの外装パーツなどの塗装をやっている。ウチでいちばん大きい部品はスペーシアのフロントめっきグリル。あそこまでできるようになった。初代アルトの当時から考えると、小さな部品しかできなかった会社がいちばん大きなフロントグリルまでできるようになった。感慨深いものがある」

所洋史氏の話を伺っていて感じたのは、フロントグリルに埋め込まれるスズキの「Ｓ」マークへの思い入れだった。あのコーポレートマークは仕様によって色が異なるため、グリルから切り離して別部品として成形し、塗装している。スズキのマークだから1個ずつ念入りに検査する。これを作る会社になったということが、初代アルトに関わったご両親の仕事を見ていた学生時代から現在に到るまでの会社の歴史そのものなのだ。

「年に2回、修さんはサプライヤーを集めて話をする。工場監査もある。うちの新工場も、設備を設置し終わったばかりのゴールデンウィーク中に見に来られた。首にタオルを巻いてやってきた。そこでボロクソ言われた。『誰だ、こんなところに蛍光灯を付けたのは！』と。建築図面を描いた人の指示そのままだったが、『こんなところに蛍光灯を付けて何を照らすんだ！』と怒られた。それ以外にもあちこち指摘された。照明は高さまでいちいち指摘された。小さい蛍光灯を低いところにつければいい、と。それとゴミ置場になりやすい工場の隅へ行き『ここを掃除しろ』とか、とにかくよく見てくれた。ランニングコストに効いてくるところだからすぐにやれと言われた」

こうした指導は鈴木修氏が言う「小・少・軽・短・美」という言葉の実行である。私が新聞記者だったころ、修氏は「そのノートを貸してみろ」と言い、「これを忘れたらいけない」と「小・少・軽」の文字を書いた。「意味は時と場合によって変わるが、コンセプトだ」と。社内だけでなく取引先企業にもこれを徹底させていた。1993年にこの3文字が会社の基本方針となり、そのあとで「美」と「短」が加わり、「小・少・軽・短・美」となったのだが、思うに、すでに初代アルトの時代からこの5文字は行動指針だったのではないだろうか。

「竜洋工場を見たあと、修さんは『塗装設備もあまりたくさんやりすぎるなよ』とボクに言った。『ほかにも地元の企業がたくさんある。キミの会社として付加価値が残る1ラインを作るべきだ』と」

所洋史氏はこう言った。「やりすぎるなよ」は、むやみに業容拡大すると失敗するという意味にも取れるし、同業との仲、周囲との調和も考えろという意味にも取れる。スズキを支えてくれるサプライヤーは、どこも等しく繁栄してほしいという願いが、この言葉の背景には読むことができる。「小・少・軽・短・美」のなかの、最後の「美」は製品、部品、製造設備に関わる文字というだけではなく、企業経営の美学のようなものも示唆している。私にはそう思える。

三恵株式会社にとっての初代アルトは、けして大きな利益をもたらしてくれた商品ではなかったようだ。その後の初代ワゴンRも同様だった。しかし、会社が進むべき方向を見出せた。高付加価値部品への道筋に光が差した。所洋史氏の心中はそのように読める。

初代アルトもBEVも同じ

鈴木修氏は、会長退任直前のインタビューで「軽の電動化は死ぬ気でやる」と言った。「できるできないじゃなくて、やってみろ。これは挑戦だ」と。この言葉には別の意味があるように思う。それは、初代アルトや初代ワゴンRのプロジェクトについてきてくれて、大増産に協力してくれたサプライヤーに、次の時代の仕事ができる準備をしてもらうことだ。ICE（インターナル・コンバスチョン・エンジン＝内燃原動機）がまだまだ続くにしても、徐々にBEV（バッテリー・エレクトリック・ビークル＝充電式電気自動車）への切り替えが進むにしても、スズキ1社では量産には対応できない。サプライヤーの協力が必須である。

BEVとはどんなものなのか、スズキの研究開発部門だけでなく生産技術と購買もそれを知らなければならない。サプライヤーもそれを知らなければならない。そのなかで、どのようにBEVを作れば本当に環境負荷が減るかを考察しなければならない。エネルギーも素材も、使えばそれはコストに跳ね返る。

過去のクルマづくりの中で軽自動車は、つねにエコロジー・イコール・エコノミーであることを証明してきた。一時期、欧州がめざした3リッターカー、つまり3リットルの燃料で100㎞を走るクルマを日本の軽自動車はほぼ実現した。日本と欧州とでは燃費測定の条件が異なるが、国が定めた計測方法で日本の軽自動車は良好な燃費値を示している。欧州の3リッターカーは、ボディにCFRP（炭素繊維強化樹脂）など高価な軽量素材を使った実験車的なものであり、少量が生産され、しかも高価だったが、日本は軽自動車という独自のローカル・カテゴリーで実用車としての3リッターカー像を示した。

こんどは「電池」である。ガソリンに対し体積および重量当たりのエネルギー密度は比較にならないほど低い。電池をどう使いこなせば、車両価格も含めて実用的な軽規格のBEVを作ることができるか。ここにサプライヤーを参加させることが、鈴木修氏の「死ぬ気でやる」発言の意図ではないだろうか。酷使しても、けして落伍はさせない。ともに前に進む。初代アルトの時代からの、スズキのサプライヤー起用術はこれからも続くだろうか。

第五章

初代アルトが切り開いた未来

初代アルトの経営効果〜そしてワゴンRへ

「スズキは引き算をする。じつにアメイジングだ」とGM幹部は言った

スズキの4輪車生産は1954年に始まった。この年はわずか3台であり、「スズライトSS」の試作車だった。翌55年は53台。この年、初めてスズキの4輪車は一般向け販売台数を記録した。「スズライトSS」は55年10月に発売され、発売当初は月産わずか3〜4台だった。この当時の国産市販車と言えば、スズライト同様に1955年発売の「トヨペット・クラウン」「ダットサン110型」だけであり、本田技研工業やダイハツ工業よりもスズキの4輪車生産への取り組みは早かった。

表に1960年から2020年までのスズキの4輪車生産・販売実績をまとめた。5年毎の推移で見ると、けっして成長一本やりではなく、マイナスも経験したことがわかる。日本全体で見ると、軽四輪乗用車の生産台数は1970年度の約77・4万台をピークに減少を続け、小型車中心の生産体制へと移行する。同様に軽乗用車の国内販売台数も1970年度の70・6万台がピークで、初代アルトが発売される前年の1978年には17・6万台まで落ち込んでいた。これが全体市場だった。鈴木修氏や内山氏、桐山氏は「世の中には、『もう軽はいらない』という風潮があった」と当時の雰囲気をインタビューで語ったが、それは販売台数にも如実に表れていた。

ところが、初代アルト発売の年、1979年度にはスズキの国内販売台数は前年度比39・6％増とな

スズキの生産・販売台数推移

年度	国内生産台数	海外生産台数	生産台数合計	国内販売台数	海外販売台数	販売台数合計
1960	7,942	0	7,942	5,182	0	5,182
1965	46,547	0	46,547	46,431	366	46,797
1970	284,210	0	284,210	274,540	2,956	277,496
1975	180,242	0	180,242	166,269	21,726	187,995
1978	267,214	0	267,214	225,323	40,222	265,545
1979	363,733	0	363,733	314,602	54,743	369,345
1980	503,390	0	503,390	388,079	115,143	503,222
1985	824,664	35,878	860,542	485,609	264,062	749,671
1990	861,359	206,074	1,067,433	565,897	422,793	988,690
1995	854,022	465,408	1,319,430	621,205	618,000	1,239,205
2000	920,135	633,227	1,553,362	616,027	837,160	1,453,187
2005	1,133,004	1,067,238	2,200,242	707,167	1,365,138	2,072,305
2010	994,223	1,883,777	2,878,000	588,395	2,054,478	2,642,873
2015	860,919	2,090,399	2,951,318	630,027	2,231,052	2,861,079
2020	930,116	1,721,032	2,651,148	647,222	1,923,977	2,571,199

（出典：スズキ株式会社）

り、さらに1980年度は同23・3％増、81年度も同13・8％増と急増した。79年の第2次オイルショックにより国内乗用車市場は80年度に前年度比マイナスを記録するが、スズキは大きな飛躍を遂げた。これが初代アルトの効果である。

いっぽうスズキの海外販売台数は、1974年の四輪輸出課（四輪統括部内）設置から本格化し、この年に初めて年間1万台を超える。それまではスポット的な受注がほとんどだった。このころの輸出主力は軽トラック「キャリイ」、軽4WD（4輪駆動）車「ジムニー」、軽乗用車「フロンテ」だったが、ここに81年から初代アルトの後期モデル（SS40）が加わった。オーストラリアで「スズキ・ハッチ」の名で最初に販売されたモデルのなかには、日本で軽ボンネットバンに5・5％の物品税が課せられた81年に「アルト47万円」を守るために投入された2人乗りモデルのエンジン排気量を８００ccに拡大したモデルがあった。日本と同じ左側通行右ハンドルのオーストラリアは、スズキの重要な輸出先だった。

この８００ccエンジン搭載アルトが、その後のスズキの国際展開を引っ張った。ひとつ、筆者が体験したエピソードを紹介したい。

１９８６年の秋、米・ＧＭ（ゼネラルモータース）の日本事務所がまだ六本木にあったころ、筆者は来日していたＧＭの購買担当者に面会する機会を得た。この年の８月にスズキとＧＭはカナダに合弁工場を建設することで合意していた。てっきりその件で浜松のスズキ本

スズキが４輪車事業に参入した初めての商品が1955年発売のスズライト。2008年には開発の指揮を執った故・稲川誠一会長とともに日本自動車殿堂に選ばれた。

スズキ歴史館の展示に、昭和の時代の民家を模した実物大ジオラマがあり、軒先には当時のフロンテ360が佇む。このモデルは1967年発売の２代目で駆動方式はRRだった。

社を訪問したのかと思いきや、そうではなかった。この人はＧＭとして独自の調査にやってきた。ひとおりの日程をこなしたあと、最後にスズキのクルマ、スズキという会社について日本メディアの意見を聞きたくて、ＧＭ日本事務所に何人かの新聞記者を選ばせた。たまたまそのひとりが筆者だった。話が進むうちに、彼はこう言った。

「我われは足し算と掛け算しかできない。クルマのコストはひたすら積み上げる。それでモデルライフ中に何台売るかを掛け算し、利益を概算する。しかし、スズキは引き算をする。アルトもカルタスもコストは積み上げていない。削れるだけ削っている。そのアイデアは、我われが考えもしなかったことばかりだ。じつにアメイジングだ」

この人とは、その後も何度か会った。筆者はまったく別ルートでデトロイトのＧＭ本社に取材に行き、アメイジングな体験をした。ＧＭの研究開発部門がいかにすごいかを、１９９１年の訪問時に知った。案内された倉庫には、ありとあらゆる試作品が保管してあった。大型トラック用のオートマチックトランスミッションやファインセラミクスでシリンダーブロックを作ったエンジンなど、リストを見ただけで興奮するものばかりだった。「1億ドル以下の研究は、べつに製品化しなくても構わない」と聞いて呆気にとられたのを憶えている。１９９０年6月に発表したＢＥＶ（バッテリー電気自動車）のコンセプトモデル「インパクト」が、本当に走る試作車だったことを知ったのもこのときだった。

日本の一般ユーザーは、アメリカの自動車メーカーのことをほとんど知らない。メディアも同様だ。このとき筆者はそう感じた。ＧＭの情報収集力は驚くばかりだ。そこにかける資金も莫大だ。日本の中小事業者がモーターショーに展示したものも徹底的に調査する。「突然ＧＭがやって来た！」と部品メー

1981年8月12日、鈴木自動車工業、GM、いすゞ自動車の3社による業務提携調印式が経団連会館で行なわれ、その直後に記者会見が行なわれた。左から鈴木修社長、GMのウォーターズ副社長、いすゞの岡本社長。

カー筋から聞いたことは2度や3度ではない。技術的に興味のあるものはなんでも研究し、試作まで行なうという行動力もすごい。そういう会社が、アルトやカルタスを「アメイジングだ」と言った。１９８６年秋のＧＭ購買担当者との面会で、その人が言ったことの意味を筆者が本当に理解できたのは5年後だった。

この足し算と引き算の違いは「考え方の差」「設計アプローチの差」と言い換えることもできる。１９７０年代のアメリカでは、ひとつの車種が生産打ち切りになると工場が閉鎖され、その工場が建っている街も同時に消えるというスクラップ・アンド・ビルドが行なわれていた。無か、すべてか、である。いっぽう日本の自動車メーカーは、モデルチェンジに当たっては同じ生産ラインを改修あるいは「既存ラインのとなりに新ラインを引く」ようなカタチで対応し、創業の地にとどまる。継続する価値観のもとに企業活動が続く。

彼我の考え方の違いは「狩猟民族と農耕民族の違い」にたとえることもできるだろう。獲物がいなく

セルボのボディ後半をピックアップトラックにした独創的な商品企画の「マイティボーイ」は1983年の発売。オーストラリアなどにも輸出された。

スズキとGMの最初の共同事業は小型車（アメリカでのサブコンパクト・クラス車）開発だった。その成果が初代「カルタス」であり、湖西工場から北米向けに完成車輸出される同車をGMは「シボレー・スプリント」として販売した。

GM向け「シボレー・スプリント」は途中で新生GEO（ジオ）ブランドのモデル「ジオ・メトロ」となるが、そのジオが1998年で打ち切られ、以降は「シボレー・メトロ」として2001年まで販売された。

なった土地からはさっさと去るか、同じ土地で最大限の収穫をあげられるように工夫し続けるか、だ。それと、1970年代から80年代にかけてのアメリカには、「ホワイトカラーは生産現場に行かない」という慣習があった。「こうしたほうが作りやすい」「ここをこうすれば手順をひとつ省ける」といった、日本では当たり前の現場での工夫が、アメリカではなされていなかった。これは狩猟民族うんぬんではなく、コストをかけないでもできる引き算の存在を知らないか、知っていても「それは自分の仕事ではない」と実行しなかったか、である。

しかし、GMは引き算を学んだ。のちに筆者は、GMの生産拠点を訪れるために「カイゼン」がもたらしたコストセーブの効果と、カイゼン活動がもたらす「従業員同士の強い結びつき」を説明された。それらはＧＭとスズキのカナダ合弁工場ＣＡＭＩと、ＧＭとトヨタの合弁工場ＮＵＭＭＩで実践されていたことだった。ＧＭのスタッフはハッキリとそう言った。「我われはスズキから学んだ」「トヨタから学んだ」と。１９９７年に訪問したＧＭの全額出資子会社、小型車専門ブランドのサターンを生産するテネシー州ナッシュビルの工場はその最たるもので、アメリカ流に解釈された日本的ムードがそこかしこに漂っていた。「ホワイトカラーは生産現場に行かない」などという慣習は、もはや存在しなかった。

もし、初代アルトがあのような形で世の中に出なかったら。「そこそこのヒット」で終わっていたら。ひょっとしたらＧＭは、スズキと提携しなかったかもしれない。その意味では、初代アルトがもたらした１９８０年のスズキの飛躍は、スズキやＧＭといった個々の企業に対してだけでなく、自動車産業そのものに大きなインパクトを与えたことになる。

ＧＭとスズキの最初の仕事は、のちに「カルタス」となる小型車の共同開発だった。ここでスズキは「ＧＭから多くのことを学んだ」という。ＧＭは「支払った分は確実に収穫する」会社であり、その点は非常にドライである。しかし同時に、世界最大の自動車メーカーとしてのプライドと余裕もあった。２００９年6月にＧＭが経営破綻し連邦破産法第11条の適用を受けたあと、筆者は元ＧＭの幹部に「スズキとの提携はどちらが得をしたと思うか」と尋ねた。彼は「おそらくフィフティ・フィフティ（50対50）」と言った。「我々はもっと儲けるはずだったが、やり方が下手だった。小型車の売り方も下手だった」と。おそらくスズキもＧＭも、互いに多くを学んだのだろう。

最初の共同開発以降、ＧＭとスズキの関係は徐々に深まっていった、１９８９年にＧＭが設立したカジュアルブランド「ジオ（ＧＥＯ）」では、スズキ「カルタス」「エスクード」が、いすゞ「ジェミニ」「ＰＡネロ」、トヨタ「スプリンター」とともに北米でＧＭの商品として販売された。その前年、１９８８年にはＧＭと関係が深かった韓国の大宇（デーウ）財閥が経営する大宇造船との間で技術提携契約を結び、１９９１年から３代目アルトを大宇が「ティコ（Ｔｉｃｏ）」の名称で生産・販売した。同じころ、欧州のＧＭ子会社であるアダムオペルでは「ワゴンＲプラス」をオペル「アギーラ（Ａｇｉｌａ）」としてポーランドで生産し、その後継モデルはスズキ「スプラッシュ」だった。ＧＭとの関係以外でも、スズキはマツダ（１９８７年〜）と日産（２００１年〜）に軽自動車を供給したほか、三菱自動車とはインドネシア向けの商用車を共同開発した。

　おそらくスズキは、日本の自動車メーカーのなかで同業者との提携や商品供給がもっとも多い会社ではないだろうか。そして、そのすべての始まりは初代アルトだった。

そしてインドへ繋がっていく

　そして、インドである。スズキがインド政府と乗用車の合弁生産契約を結んだのは１９８２年10月。ＧＭとの提携は１９８１年８月であり、そこからわずか１年２カ月後のことだ。この事業にはいくつもの布石があり、まずは１９７５年に始まった隣国パキスタンでの初代「ジムニー」現地生産が挙げられる。同車は鈴木修氏がホープ自動車からライセンスを買い取った軽サイズの４輪駆動車であり、１９７０年に発売された。日本国内よりも海外でその役割が認知され、１９７４年には海外販売台数が早くも国内販売台数を上回った。スズキ最初のグローバル商品は「ジムニー」である。

１９８１年10月、スズキにインド政府からの書簡が届いた。「インドの国民車構想について技術面と財政面で協力をお願いしたい」という提携打診の書簡だったが、なぜか鈴木修社長をはじめとする経営陣にはこの書簡が届かなかった。この件が経営陣の知るところとなったのは、パキスタン出張からの帰路で海外生産部長が見たインドの経済誌がきっかけだった。「インドの国民車構想に参画する有力候補は日本の某社」と書かれていた。ここからスズキの巻き返しが始まり、その後1年でスズキはインド政府との調印に漕ぎ着けた。

インド政府は、スズキとの提携を決める段階でＧＭに打診していた。この件は何人かの方から伺った。おそらくＧＭがスズキという会社の信用保証をしたのではないだろうかと筆者は考えている。スズキとＧＭの提携は１９８１年8月。世界最大の自動車メーカーがパートナーに選んだスズキに対してインド政府が興味を持つのは当然のことだ。日本では鈴木修社長が自らインドからの視察団に腕まくりして工場レイアウトを提案するなど、本気度を目一杯披露した。インド政府は、スズキの本気度を社長の言動で確認し、スズキという会社に対する第三者の実力評価をＧＭに確認した。それが真実だろう。

マルチ・ウドヨグで現地生産されたモデルは、最初のうちは日本からＣＫＤ（コンプリート・ノックダウン）セットとして運ばれた初代アルトだった。すべての部品を梱包し、それを指示書どおりに組み立てればクルマができるというものであり、厳密に言えば生産ではなく組み立てだが、インドの国民車として初めて完成したクルマが初代アルトだった。その後、ボディパネルや部品の現地生産が徐々に始まり、２代目アルトをベースに８００ccエンジンを積んだ「マルチ８００」はインドの国民車となる。２

014年まで31年間にわたって生産が続けられ、インド国内での販売台数は250万台を超えた。

日本での2代目アルトは、初代の構造を大幅にブラッシュアップし、部品の一体化を進め、ロボット溶接やトランスファープレスといった新しい生産設備の導入によって可能になった設計手法を採り入れていた。しかし、インドではそのまま生産できないため、インドに合った設計変更が行なわれた。当時はまだプラットフォーム（基本骨格）という表現は使われていなかったが、初代アルトをバージョン1・0とすれば、2代目はバージョン2ではなくバージョン1・6程度だろう。新しくするところは新しくし、引き継ぐところは引き継ぐ。無駄に金をかけず、しかし改良すべきところは確実に改良する。そんなモデルチェンジだったように思える。

初代と2代目のアルトが育てたスズキとインド政府の合弁事業マルチ・ウドヨグは、2002年にスズキが資本の54％強を握るスズキの子会社となり、2007年にはインド政府は保有株を放出し一般株主が残り44％弱を所有する形態になった。社名は2007年に現在のマルチ・スズキ・インディアに改称された。同社のグルガオンとマネサールのふたつの工場は年産170万台の能力を持ち、スズキ・グループの生産拠点のなかでは最大規模を持つに至った。

アルトからワゴンRへ

現在のスズキ、あるいは日本の現在の軽自動車市場を語るうえでもっとも重要なモデルは、アルトに並んでワゴンRを置いてほかにはない。ここから軽ハイト（背高）ワゴンのブームは始まった。初代ワ

初代ワゴンR。いまの軽ハイトワゴン市場を創り出したクルマが、1993年発売の初代「ワゴンR」だった。当時、鈴木修社長は「VWと共同開発していた欧州生産モデルの成果が入っている」と語っていた。

「ワゴンRワイド」は初代「ワゴンR」をベースにひとまわり大きなボディと1000ccエンジンを与えられたモデル。その第2世代「ワゴンRプラス」は、GMの欧州子会社だったオペル／ボクソールのポーランド工場で「アギーラ」として生産された。現在の「ソリオ」のルーツでもある。

ゴンRの発売は1993年9月。東京流通センターの「アールンホール」での発表記者会見で鈴木修社長はこう語った。

「角の『アルト』に丸の『セルボ・モード』を加え、今回は少々変わったタイプのモデルを加えて、軽を3つのラインアップにした。セミボンネット型のワゴンはこれからの軽のスタイルだと言える。スズキの野心作を世に問うつもりで作った。設計に当たっては既存のモデルから70％の部品を流用した。しかし『セルボ・モード』よりも上に200ミリも大きい。バブル時代の作り方から共通化しながらの工夫へと作り方を変えた。その分、コストは抑えた。これからも同じ部品を使いながら似て非なる商品を提案することが我われの役割だと思う」

報道陣からはこんな質問があった。「いったい、どれくらいコストが浮いたのか」と。鈴木修社長はこう言った。

「部品共通化によって設計と実験の工数が減った。そのまま流用だから金型代はかからないし単価交渉も要らない。少なくとも20~30億円の費用はセーブできたと思う。設計部門の残業も減った。1991年比で言えば1993年は残業75%減になるだろう。これは無駄な設計をやっていないということだ。インドでは『セルボ・モード』を作り始めたが、この『ワゴンR』は『セルボ・モード』との共通部品も多いから、おそらくインドでも作りやすいはずだ。いまのところ海外向けの出荷は考えていないが、徐々に売り込んでいくつもりだ」

新型車なのに既存の部品を70%使っている。この70%が点数ベースなのか金額ベースなのかは、このとき鈴木修社長は明言しなかったが、この「ワゴンR」発売以降、新聞記者諸氏の間では「部品共通化率」が流行語になった。新型車の発表記者会見では、誰かが必ずこの質問をした。質問されるから、想定問答集に「部品共通化率」が入った。

共通のアンダーボディの上に、まったく違うカテゴリーの上屋を載せる。ほんの少し内外装を変えただけの兄弟車ではなく、既存モデルとは完全に差別化された商品を作る。これが初代「ワゴンR」だった。いま振り返れば、日本でのプラットフォームという考え方の元祖は「ワゴンR」だったように思う。

初代アルトは、物品税のかからない税制区分を利用することで常識破りの低価格を実現した。完全なゲームチェンジャーだった。当然、ライバル他社もアルトの土俵で戦わざるを得なくなった。いっぽう初代「ワゴンR」は、軽に残された唯一の余裕である「全高」を生かし、乗員をアップライトな姿勢で座らせた。ライバル他社は再びのゲームチェンジャー出現に早急な対応を迫られた。そして、軽の主戦場はハイトワゴンへと移行したのである。

この前年の1992年12月、筆者が鈴木修社長にインタビューしたときはこう言っていた。

「1992年は惨憺たる結果だった。10％減は大きい。私の予想をも下回った。1991年の暮れに、1年後にこんなふうになるなんて誰も気付かなかった。そうだろ？　誰か言っていたか？」

筆者は答えた。「誰も思っていなかったですよ」と。鈴木修社長は続けた。

「来年（1993年）も軽は苦しいと思う。景気の上昇を期待するよりはゼロ成長のなかでの生き残り策を探さないといけない」

筆者はこう言った。「もう考えてあるんじゃないですか？」と。修社長は笑いながら言った。

「そんなものがあったら苦労しないよ。以前は10年レンジで市場や商品を考えられたが、いまでは1年先も見通せない。市場調査をやったってお客さんの心理変化はわからない。作り手の手詰まりだ。自動車も家電もほかもね。しかし、悩んでいても結論は出ない。軽にどう付加価値を付けるか、だ」

そう言われて、筆者はこう切り返した。

「みんな贅沢になって、エアコン、パワーステアリング、ATが最低機能になりました。もともと安かった軽は、装備追加の価格上昇率がとても高くなったように思います。軽市場の二極分化と言っても、すでに安いほうの軽が高いじゃないですか」

すると、鈴木修社長はこう言った。

「そう。キミの言うとおりだ。もう47万円のアルトのようなものは出しにくい。リッターカーが安くなって軽需要を吸収している。難しい時代ですよ」

こう言いながら鈴木修社長は、じつはすでに翌年夏（１９９３年）に発売予定の新しい軽、「ジップ」の存在を隠していた。「このまま社長が大人しくしているとは思えませんから、期待していますよ」と告げると、ひと言「当たり前だ！」と鈴木修社長は笑って言った。そして、持ち前の勘を働かせて、発売直前に「ジップ」を「ワゴンＲ」へと改名した。

「経営者としては51勝49敗」

初代アルトの開発は１９７６年の早い時期に始まった。当時の鈴木修氏は専務だった。その後、１９７７年６月に代表取締役専務に、１９７８年６月には代表取締役社長に就任した。この鈴木社長が初代アルトの開発にストップをかけた。乗用車ではなく物品税のかからない商用車（貨客兼用車）として発売するというアイデアを持っていた。社長就任の前年１９７７年には「来年にはオレが代表取締役社長を引き受けなければならない。社長就任後初めての新型車で失敗したくない」と、退任直前の２０２１年６月のインタビューで鈴木修会長（当時）は動機を語ってくれた。初代アルトの開発は、プロジェクトとして進行しながらも重要な部分を「再考する」ことになった。

商用車への設計変更と同時にコストダウンの策を開発スタッフ全員に考えさせたのも鈴木修社長だった。当時の設計者諸氏が証言してくれたように、パッケージングも変更する必要があった。しかし、この再考が初代アルトを空前のヒット作に変えた。

ワゴンRの商品化提案も、鈴木修社長は一度却下している。１９９３年９月に発売された初代ワゴンRは社内のリベンジ企画だった。偉大なる２台のゲームチェンジャーは、２台とも鈴木修氏による「待った」を経験した。初代アルトは短い間合い、初代ワゴンRはやや長めの間合い。この間合いが成功への鍵だったことは、その後の両車の販売実績が物語っている。

スズキ取材の合間に、筆者は浜松市楽器博物館に立ち寄った。インタビューで聞いた話を頭の中で整理するには、こういう場所がいい。日本で唯一の公立楽器博物館である。世界の楽器１３００点が展示され、なかには触って演奏することのできる楽器もある。

「ああ、そうか…」

たくさんの楽器の中に、自分だけがポツンと立っていた。コロナ禍で、しかも閉館間際の時間だったため来館者はほかにいない。辺りを見回してふと思った。

オーケストラの指揮者は楽器を演奏しない。ピアノ協奏曲でピアノを弾きながら指揮する「弾き振り」をやる人もいるが、大抵は指揮棒だけを持って指揮台に立つ。指示を出すことが指揮者の仕事だ。指揮者が指揮棒を動かせば、その手と体の動きを「テンポ」や音の「強弱」、あるいは情感の表現へと変換して、すべての楽器が音を出す。もし、いまこの博物館のフロアにある数十台のピアノやさまざまな弦楽器にそれぞれ演奏者がいて、筆者が指揮者だったら……そう、それと、指揮者だけができることは「無音」部分を作ることだ。指揮者だけが「休符」を置く場所と「休符」の長さを決められる。

初代アルトの開発のとき、指揮者鈴木修は楽譜に書いてなかった「休符」を置いた。一瞬、指揮棒を止めた。そこからはテンポも曲調も変えた。初代ワゴンRでは長めの「休符」を使った。休符の後に、同じ主題を再び、しかし曲調は変えて演じた……こう考えて、妙に自分自身で納得してしまった。鈴木修氏は自らの演奏スタイルで2度も大流行を作った名指揮者だったのだ、と。

初代「ワゴンR」の発売から3カ月後、1993年12月に筆者は再び鈴木修社長にインタビューした。本来なら1995年からVW（フォルクスワーゲン）傘下のセアト（スペイン）でAセグメントの小型車を生産し、スズキ、VW、セアトの3ブランドで売るプロジェクトが進んでいるはずだったが、スズキとVWの提携は立ち消えになった。鈴木修社長はこう言った。

「VWとのプロジェクトはなくなったが、そこで進めていたものはワゴンRに取り入れた。ちゃんとウチの栄養になった。カルタスの次世代車を作ったし、インドにもセルボの次世代を入れる。こういうところにVWと一緒にやった経験は活かす。GMとは違った意味で、いい勉強をさせてもらった」

スズキがVWとの提携交渉を進めていた1991年9月に、筆者は当時のVW会長だったカール・ホルスト・ハーン氏に現地でインタビューした。

「提携したいような日本の自動車メーカーはありますか？」と筆者は尋ねた。

「そのチャンスがあれば、何処とでも」とハーン会長は言った。

VWとの提携が解消された後も、鈴木修社長は「ハーン会長は人格者だ」と言っていた。ただし、2度目の提携では鈴木修社長のほうから提携解消を通告した。最初から結ばれない運命にあったのだろう。

そういえば、スズキは国際仲裁裁判所に2度、仲裁を申し入れた。最初は1997年9月。マルチ・ウドヨグの社長・会長人事にインド政府が介入してきたときだった。この件は翌年6月に和解した。2度目は2011年11月、VWとの包括提携解消に当たり、VWが保有するスズキ株の返還を求めて仲裁を申し入れた。この件は２０１５年8月まで解決が長引いたが、スズキの主張が認められた。

自動車メーカーの経営者として国際仲裁裁判所に2度も提訴し、２度とも主張を貫き、最終的には思いどおりの結果を引き出した経営者は、おそらく鈴木修氏だけだろう。

「経営者としては51勝49敗」

鈴木修氏は会長を退く直前にそう言った。我々は華やかな成果の記憶が強すぎるが、ご自身は49の失敗があったという。しかし、初代アルトと初代ワゴンＲで２度、日本の自動車市場でゲームチェンジャーを演じた。これは事実である。

終　章

初代アルトが登場してから、すでに40年以上が過ぎた。いまでもアルトという車名のまま8代目モデルが生産されている。鈴木修氏が経営の第一線を退いてもアルトは残る。

あらためて取材メモと記憶を辿ったところ、筆者が記者として最初に鈴木修氏に質問したのは、日刊自動車新聞の佃キャップに連れられてスズキ東京支社でインタビューに同席した1983年だった。その半年ほど前、スズキ副代理店大会で初めて名刺交換したときは、ほんの二言三言だった。当時の鈴木修社長は53歳。以降、筆者は幾度となく鈴木修氏に取材した。印象深い取材はたくさんあった。取材以外でも、さまざまな鈴木修氏を見てきた。

1991年4月にハンガリーでの乗用車合弁会社設立の調印式を終えて浜松に帰ってきたときの記者会見のあと、鈴木修氏は我々記者団を酒宴に招いた。ハンガリー産のトカイワインを大量に持ち帰り、振舞ってくれた。筆者が憶えているなかで一番上機嫌な鈴木修氏だった。当時61歳。ビジネスだけではなく、ハンガリー文化の紹介や留学生受け入れにも精を出した。スズキはトカイワインの輸入元にもなった。その年の暮れ近くだったか、浜松の本社でインタビューをしたあと、夜の街へお伴した。「今日は行きたい店があるから付き合え」と言われたが、人気者の鈴木修氏が歩いていれば、あちこちの店からお迎えがやってくる。たどり着くまで2時間かかった。地元の名士には違いないが、気取らずに、カウンターだけの小さな店で1曲歌っていく。この日も上機嫌だった。そうか、あのときはフォルクスワーゲンとの業務提携が決まっていたからなのだろうな、と思ったのは後になってからだった。

「経営者は孤独だ」と、何人もの経営者から聞かされた。社内の情報がすべて経営トップに集まる保証はなく、状況判断にはさまざまなしがらみが絡む。同時に、日本には「同じ釜の飯」という言葉があるように、同胞への配慮があらゆるステージで求められるし、期待される。こうした状況のなかで経営判断を求められるトップはむしろ、孤独を好む。過去に筆者が取材で接してきた数百人の経営トップの方々は、洋の東西にかかわらず孤独に見えた。鈴木修氏の場合、つねに陣頭指揮に立つがゆえの孤独があったのではいかと推察する。その功績は、本書に記した初代アルトだけではない。

しかし同時に、鈴木修氏は根っからのセールスマンであり、周囲の人を巻き込んでしまう不思議な魅力を持っている。その魅力を最大限に発揮したのは、初代アルト発売日に東京で行なわれた副代理店大会でのスピーチである。筆者はつい最近、そのときのＶＴＲをＤＶＤ化したものを見た。スズキ経営企画室広報部にお願いし文字化していただいたので、以下に掲載した。この長いスピーチがアルトの運命を決め、スズキを繁栄させた。そう思う。見事な包丁さばきで玉ねぎを刻む実演販売のような、はたまた落語の高座のような、最後には聴衆を魅了する名宰相の議会演説のようなスピーチである。当時の鈴木修社長がアルトに託した思いのすべてがここにあるように思う。

初代アルト発表会での
鈴木修社長スピーチ

「スズキ アルト誕生」4輪副代理店大会（東京会場）

日時 1979年 5月11日 京王プラザホテル

鈴木修社長挨拶

メーカーの鈴木でございます。今日は私どもの「スズキアルト誕生」にともなうご披露を申し上げるべく、ご案内を申し上げたところ、東日本地区700余名の副代理店の皆様方にご参加いただき盛大に挙行できますこと、大変嬉しく思っている次第です。ちょうど、五月晴れの新緑の美しい季節に、「さわやか アルト」の誕生を皆様にご披露できますことは、私どもメーカーにとっては、この上もない喜びでございます。

せっかくの機会でございますので、最近のメーカーの業績等を少しご報告申し上げまして、その後で「アルト」のことにつきましての、いろいろなお話しを申し上げたいと思います。日頃、大変皆様方に、スズキ製品の拡販に格別のご支援をいただいておりますこと、高い所からでございますが厚く御礼を申し上げます。

おかげ様で、私共53年度、即ち53年の4月1日から54年の３月３１日までの1年間、売上高で２７１５億。これだけの売上をさせていただくことができました。国内関係で見ますと2輪車が34万台、前年比１３６％。国内２輪につきましては久しく低迷をしておりましたが、過去最高の販売台数を国内で売っていただきました。

国内の４輪につきましては22万5千台、前年比１１３％でございます。特に43年の３月度は、48年以来、6年ぶりで商用車関係が2万１６２１台。6年ぶりに新しい記録を作ることができました。これもひとえに、本日ご臨席をいただいております副代理店の皆様方の大変なご支援の賜物と、厚く御礼を申し上げる次第でございます。

しかしながら、スズキの5年後、10年後を考えてみます時に、これだけの売上で満足するわけには参りません。当昭和54年度につきましては、売上計画３２００億。国内関係では国内2輪45万台、前年比これは１３２％でございます。国内の４輪は、本日の「さわやかアルト」を含めまして年間30万台を目標とし、前年比１３３％という計画を立てております。

もうすでに4月1日から昭和54年度が始まっているわけでございますが、今後とも格別のご支援をいただきますよう、深くお願いを申し上げる次第でございます。

さて、本日4月のトラックを、ニューモデルを発表したのに引き続きまして、「さわやかアルト」の発表になったわけでございますが、このクルマを開発のために3年間かけた、その考え方等を、これから少しご説明を申し上げたいと思います。

昨年の6月に社長に就任をいたしまして、私、口を酸っぱくしてウチの従業員に「現状を否定しなさい。今日やっていることが、あるいは昨日やったことが今日は正しいという時代はもう終わった」と。「昨日やったことが今日も正しい、あるいは明日も正しいという時代はもう終わったんだ」と口を酸っぱくして実は申している訳でございます。

例えば私どもの生産関係で申し上げますと、あるいは皆様方ご見学をいただいたかと思いますが、45年に湖西工場を造りました時に、建物の長さが800m、そしてその800mの建物の長さに使われているチェーンのコンベア、チェーンコンベアがなんと11500m、11・5kmのチェーンコンベアが実は使われておりました。

そして工場をご見学の皆様に工場の長さが800mで11・5kmのチェーンコンベアが使われてクルマが生産されておりますということを得意気に申し上げていたことを思うときに、今この時代になると、もう800mの長さを400mにしなければならないとか、或いは11・5kmあったチェーンコンベアを堂々と言っている時代は終わってしまったと。

高いところから低いところへ水が流れるように、その物の重さを利用して物理的に動かしていく。電気を使いコストをかけて長いコンベアを使う時代というのは40年代で終わったと。例えて申し上げればそういうことであろうかと思います。

あるいはまた機械加工をいたします時に、今までの技術と言うのは、ある材料を買って必ずそれを削る、削って歯車を造る、削って部品を造るということに今までの技術というものがございました。ちょっと専門的なことになりますけれど、最近は粉末冶金、焼結合金と言うように、いわゆる鉄粉の粉を温めて溶かすことによって、加工を削らなくてもできるという時代に変わってきている。これがやはり今日の時代なんです。

従いまして、私は昨日のやり方が今日のやり方に通ずるとは思っておりません。皆様方それぞれ全国の地域社会にあって販売をしていただいているお立場で、少なくとも販売の面にもそういう変化がきているのではないかと私は思っております。

これらのことから今までのクルマというものがこういう

ものである、というような考え方、あるいは前提で作っていったならば、私はこの「さわやかアルト」は誕生しなかったと思っております。

まずその第一といたしましてクルマづくりの面からしますと、お客様がクルマに対して負担感ということを感じられる時代に入ってきたということです。今まで自分の財産だというような考え方で買っていただいたクルマが、今や財産ではなくして、使うのにどのようなクルマが良いかということで選ばれるようになったと同時に、生活の中におけるクルマの負担が極めて高くなってきた。そして「となりのクルマが大きく見えます」というような時代ではなくなってきたと思います。

私ども6つの工場がございまして、そのひとつに鋳物工場の大須賀工場という工場がございます。ここに400名の従業員が働いている訳なんです。この間、その工場の通勤の車両の調査をいたしましたところ、40%が実はトラックで通ってきて、そして30%がキャブバンとライトバンで通ってきている。あとが乗用車。

おそらく、これもまた申し上げると、それは浜松が田舎だから。とおっしゃるかもしれませんけれども、東日本と言っても極めて広ぉございますから、浜松ぐらいのところもかなりあるわけです。で、なぜそういう時代になったかということは、今まででございますと、少なくとも通勤をして町の中を走るのにトラックで通うというようなことに対する抵抗感というか、そういうものがありました。

よく皆様方、あるいは代理店のセールスの方々からお話を承りますと、となりが大きなクルマにしたから、小さなクルマでは格好が悪いと、自分の家計とは関係なしにクルマ選びをしていたという時代が続いたと思います。大須賀工場の場合でも確かに農業をやっておられる方、あるいは小売店、ご商売を奥様がやっておられる方というような方々は自分の通勤もトラックにし、仕入れあるいは作業に出るときに使いやすいと。あらゆる用途に使えるというようなクルマを選ばれる時代になってきた。こういうことが私は言えるんじゃないかと思っております。

あるいはまた、代替えのサイクルが非常に長くなってきた、というようなこともやはりクルマに対するユーザーの負担感というものが出てきたと思います。

その次は、もうひとつの理由はやはり、石油の問題でございます。今日の新聞にも、サウジアラビアがそれぞれ産出する量を減らすというようなことが出ておりました し、イランはイランで値段を上げるというようなことを言っております。皆様方におそらく、石油の話を申し上げると、世界で一番産油している、生産しているところはどこだとお尋ねすれば、それはサウジだろうと。あるいはイランだろう、とおっしゃる方が多いだろうと思います。しかしながらそれは、ソ連であり、アメリカであり、そして、サウジなんです。アメリカのほうがサウジより自分としては、算出している油は多いのであります。

そのアメリカが今何をやっていますか？

最近の新聞を見て、いろいろなことがございます。おそらくガソリンも6月の揮発油税等も含めまして、今まで1ℓ80円とか82、83円とかいうところもあったかと思いますけれども、今日ではもうほとんどない状況だろうと思います。

6月には130円、秋には150円になるであろうということも囁かれるなかで、そして産油国ですら節約をしている時代に、日本のように100％輸入をしなければならない日本が、このままの姿でいいのかということもやはり考えていかなければならない問題だと思っております。

今までアメリカで6000ccだとか5000ccというクルマが普通に流行いたしておりました。最近問題になっておりますのはGMのXカーという言葉、あるいは名前が新聞に出ております。なんでも4000ドルを切ると。そしてこれが2000ccから2400、2500ccになると。次々とJカー、Sカーというのを出していくというようなことを言っております。

あれだけの国でもそれだけのことを考え始めてきた、そして値段も4000ドルを切るという時代を迎えていると。もちろん、アメリカのやり方というのは、これはいわゆる裸価格でございまして、私もアメリカにいたときにクルマを買ったんですけれども、まずその3900ドルなりが元になりまして、アンダーコートを塗るか、あるいはフロアマットを付けるか、何を付けるかとやっていくもんですから、あれもつけてと、あんまりYes、Yes、Yesと言っていると、何のことはない、3000ドルでも3900ドルでも6000ドルになってしまうと。こういう売り方を実はしているわけです。一挙に日本もそうはいきませんけれども、いつまでも高取り、げた履きという時代でいいのかどうかということも今後の問題としてあるのではなかろうかと、私はそんなふうに考えております。そして、ユーザーに選択をさせる自由を与えるべきではないだろうか。

今、ヤングの皆さんがクルマのラジオを使っているか、自分の大きなラジオを使っているかということを考えてみますと、私にも実は大学3年の小僧がおりますけれども、必ずクルマに乗るときに声のよく出るちゅうんですか、いい声の出る大きなラジオをクルマの中に入れて出かけます。

そして、クルマで海水浴場なり、あるいは山なりへ行きまして、外というか野原で飯を食う、あるいは海岸べりで飯を食うというときは、その大きなラジオを持ち出して、そこで音楽を聴きながらやると。クルマにつけているラジオが固定されているということから、やはり、いつでもどんな所でも聴ける音楽をという考え方に変わってまいりました。そういう点ではユーザーに選んでいただく、ヤングに選んでいただくということが重要になってきた。

あるいは町を走っている小型のいろいろなクルマを見ますと、最近は後ろとか前につけてあるいろいろなものが鋲を打ってございます。あれもひとつの私は個性だと思っています。ヤングが個性派に変身をしていると。本日ご臨席いただいている皆様方、私もそうですが、昭和一桁ぐらいまでの方々というのは大体上と下と一緒の背広を着ていらっしゃる。もう昭和二桁にお生まれになった方々というのはこういう古臭い感じはしておられない。ひとつの背広を上と下を替えることによって、より個性的な、よりダンディな姿というものを自ら作っておられる。そういう時代になってきたのではないでしょうか。

ネクタイからYシャツから背広から全部を揃えてピタリとするというのは、おそらく、まあ今日は京王プラザへ行くから、せっかくの機会だからということで、着てこられた方もあるかもしれませんけれども、ヤングの皆さん方は、いろんな色を自分の個性に合わせてお使いになるという時代になってきたと。こんなふうにも実は思うわけでございます。

それらのことを考えますと私は、運転される方の機能というものを低下させない。先ほど担当常務からもご説明を申し上げましたように、1車種ではございますけれども運転席、助手席ともにスライド制になり、リクライニングシートにこのクルマはなっています。現在のクルマというのが大体1・5人お乗りになっているという状況でございますから、少なくとも何もかもがオプションということなしに、運転される方、そばに乗られる方の機能を落とさないクルマを1車種作ったと。実はこう思っております。

3月の17日の日本経済新聞に、いわゆる大平さんの唱えるチープガバメント、安上がりの政府というんでしょうか、あるいは田園都市構想ということから、通産省あたりでもこのコミュニティカーの構想があるという記事をご覧になられた方が多かろうと思います。そしてこの、地域社会のコミュニティカーとしてのクルマ、というのを今後考えていきたいというような新聞がたしか出ておりました。

今日午前中の新聞記者の会見で、これは通産省の指導によって作ったのかと。あまりにもコミュニティカーとして適しているが?というようなご質問をいただいたわけでございますが、私はこのように申し上げておきました。

「3月の17日の新聞に出る頃にこれを作り始めたわけではございません。3年の年月をかけてこの商品の開発をいたしました。従いまして、大平さんの考えられることも、お役所のお考えになることも、そしてスズキの考えることも同じであったと。我々は3年前からこの商品の開発をしたと。たまたまそういうタイミングがあった。

そして、時代の変化というものの先取りをすれば、それらの構想の中にこういうクルマが必ず必要であろう」と、こんな返事を私は申し上げたわけでございます。このような時代の変化と環境の移り変わりの激しい中で、「さわやか アルト」が生まれたわけでございます。

そうしました結果、価格につきましては全国標準現金価格47万円と設定をさせて頂きました。(会場:拍手)ありがとうございます。こういう価格で発表させる、させて頂くことになりましたのも、やはり発想を変えなくちゃいかんと言って、日頃言っている社員の一人一人がこの目的に向かって努力をしてくれた結果だと思うと同時に、ここでひとつ皆様が47万円の価格について拍手を頂いたのに対して大変、失礼でございますが、ひとつだけ皆様方にお願いを申し上げておきたい。

それは何かと申し上げますと、日本の場合は化粧品を除いて安いとか廉価車イコールなんかということを想像するのが日本の国民性でございます。

そういう点で47万円というクルマに対して安いとか廉価車だという言葉を今日、今現在を境として一切口にならないことをお願いしたい。そうではないんだと。今日のエネルギーの節約の時代、そして、いろいろな用途に使われるクルマとして3年の歳月を費やした結果の値段がこれなんです。だからこれが軽自動車なんだ、とこういうことでひとつ今後のセールスをぜひお願いしたいと考えております。

先ほど、稲川の方から「アルト」という言葉はイタリア語の「優れた」という言葉から取りましたという話がございました。まあ、ウチの頭の良い連中はそういうことを考えてイタリア語から取り出したようでございますけれども、私はそうではなしに、「あるときはレジャーに、あるときは通勤に、そしてあるときは子供の送り迎えに使う」という、「いろいろなあるとき、あるときの用途に応じて使えるという言葉からアルト」という、私はそう思っています。イタリア語ではあるけれどもそれはウチの頭の良い連中が考えたことであって、我々商売をやる者は「あるときは通勤に、あるときはレジャーに、あるときは買い物に」そういう多目的用途、いろんな用途に使えるように荷台も広くしたわけなんです。

誰かが言いました、これは乗用車か商用車か、なにか日本人はあまりにも潔癖すぎる。お前は男か女かなんて聞きながら新宿の夜を歩いたら色々なのがいますよ。そうでしょう。そんなことを今、乗用車とかなんとかカー、なんとかカーって言うのは法律のなかで行政がおっしゃることであって、我々、そして皆さん方という商売人はそんなことは必要ない。あるときは通勤に、あるときは買い物に使えるクルマがスズキの「さわやか アルト」です。これで売っていってください。ぜひ、お願いをいたします。

そういう話をしていくとやっぱり、販売の神様方を前に置いてひと言なにかこう言わなくちゃいかん、ということになるわけだ。それはどういうことかというと、今申し上げたようにこれをもっていって、また、他のクルマと同じように何もかもを駅弁のようにしてやるという商売を変えていかにゃいかんのじゃないでしょうか。私はそう思います。

そういうこと、あるいはまた皆さん方が「あるときしかアルトを売らない」ということになっては困るわけであります。これは禁句ですよ。あるときにしか売らないなんて。ということはどういうことかと申しますと私がよく昨年ディーラーなり、販売店さん回りました時によくお話を承りましたのは、やはり小型も売ってらっしゃるというお店がございました。

そしてそのご不満は、1台目は紹介をして売るんだけども、2台目は直販でございますから頭越しになってしまう。こういうケースが非常に多いと。それでも時々挟み込むんだというお話を承ったんですけれども、私が皆様にぜひ訴えたいのは1台1台の利益も大切でしょう。そして、現ナマも必要でしょう。しかし、皆さん方がこれから、来年で商売をやめるということではなしに、今後5年なり、10年なり20年、自分のお店の繁栄ということを考えられるならば、1台売って儲かったからやるんだということではなしに、やはり長い年月の中で自分の財産を増やしていくということが重要だと思います。

それはなぜかというと、1台売ったんだけども2年目からは頭越えでいくものを、どれだけやっても1年たてば頭越えになってしまうという直販。そんなものをやるよりも、自分が業販でやれるお客様をひとりでもふたりでも増やすということが5年、例えば1年に10人の新しいお客様を増やしていただければ、ひと月10人あるいは1年10人として5年たてばどれだけの数字になりましょうか。1年で10人ずつでも、5年たてば50人、10年たてば１００人に自分のお客様が増える。

お金という財産と同時に、自分が次に売り込めるというユーザーカードという財産も増やしておくということが長期の計画の中では必要だと私は思います。一攫千金の夢を見るよりも こつこつと自分の商売を続けていく人こそ、最後の勝利者であろうと、私はそんなふうに思います。

従いまして、私どもは皆様方が全国の地域社会における、それぞれの地域社会におけるスズキのセールス、セールスマンをやっていただいている。そこへもうひとりのセールスマンをつぎ込むということはないわけです。地域社会に密着をしながら、スズキの販売を続けていただくならば、現金と同時に次へのユーザーというユーザーカードが財産として残っていく。こういうような考え方である程度の量を増やすように努力をぜひお願いをしておきたいと思います。

昭和53年度の軽乗用車の中古車が全国で60万台を届け入れされました。と申しますことは、60万人余の方が中古のクルマを買っていただいたと。そしてキャブバン、ライトバンを入れますと、昨年度の軽の乗用車とキャブバン、ライトバンの中古を買われた方というのは80万人おられます。

この方々の希望というものを聞いてみますと、それはそうでしょう。誰だって畳以上に新しい物がいい訳ですから、より好んで中古を買っているわけじゃありません。新しいクルマを買いたいけどもというなかで、中古が買われている。そして平均の値段は、皆さんの方が先刻ご承知。そういうなかで、なんとか軽の需要層を拡大するために、私どもも思い切った値段でこの「さわやか アルト」を発表したわけでございます。

従いまして、アルトのお客様の見込み客は全国に80万人おられる。去年の軽乗用車、キャブバン、ライトバン、トラックの新車が約72万台でございますから、私はそういう考え方からすると150万のユーザーがいるということになると思っています。

従いまして私は皆様のご支援をいただくならば、もっともっと時代に即応したこのクルマが売れると思います。どうかひとつそういう意味でのお仲間をおつくり頂きたいとこんな風に考えて「さわやか アルト」を誕生させたわけでございます。

よく色々な宣伝資材等も作ったわけでございますが、よく私申し上げるんですけども企業の経営、皆様方のご経営の場合でも、本当に机の上に座っていて企業の経営ができるならば経済学博士なんて人は皆大会社の社長になるわけです。そして、どこへいっても学者ばかりが社長になるわけです。今年の統一地方選挙を見てください。

やっぱり学者というのは机の上に本を広げて理論的にかくあるべきだということを論じております。

これは皆様方がやはり、理論と実際ということで行動をしていただかなければならんだろうと。私はよく社員に言うんですけども、いや今検討中です、今考えておりますとよく言います。「冗談じゃないよ。こんな時代の変化の激しい時に、考えておいて日が暮れたら翌日その考えたことがでたって、もうすでにその日には遅れてしまう、正しくなくなってしまうという問題が出てくる。従って考えるというようなことを言って机に座っておったんではダメだと。行動をしながら考えなさい。考えながら行動をしなさい。それだけの時代の変化の激しい時代なんだと言っております。

皆様方もどうかひとつそういう意味で考えながら行動をし、行動しながら考え、そしてお店の繁栄をしていただきたい。まだそれでも足らないものがございます。俺はスズキの副代理店なんだとそういうひとつの物も必要なんです。

それはやはり、お店にアルトの看板を掲げていただき、Sのマークの看板を掲げていただき、そしておいでいただく方々、前を通られる方々、ああ、ここへ行けば、このマークのある所へ行けば、スズキの「さわやか アルト」があるんだと。こういうようなこともやはりやっていただかないと、考え行動するだけではなしにやっぱり、そういう印というものが私は必要だと思います。今回もいろんな資料を、資材を、整えております。

どうぞひとつ、そう言う意味で、チャレンジをいただきたいと考えているわけでございます。さて、お手元の袋の中に、この「チャレンジカード」というのが実は入っています。大体話はそこにもってくるようにできとったのです。

私はこの企画をいたします時にですね、実はよく、海の向こうにおりました時に、この新車の発表をオートバイでやると必ずそのお願いをしたわけです。今度は、チャレンジとなっているんですが、これ日本語に訳すと、どういうんだか私も知りませんけれども、なんか、挑戦するとかというようなことになるんですかね。私はそれであっちゃいけない、「俺はこれだけのクルマを売るんだ」という契約でなくちゃいかんじゃないかと。どうでしょうか？そんなこと言ってると遅れるぞ、と。

「俺はこれだけのものを今日見た以上はこれだけ売ることを契約する」それくらいのものであってもいいんじゃないかなと思ったんですけども、そんなことを言わなくても売っていただける皆さん方に、失礼なことを言わないほうがいいということで「チャレンジカード」と名付けたわけです。

そして、もうひとつ袋の中にまだ入ってませんか？あの、箱は入ってませんか？入ってません？ああそうですか、やっぱり最後まで聞いていただいた方だけに記念品を差し上げようという魂胆があったんじゃないかと思いますが、本日の記念品は何を隠そう、バンドでございます。バンドでございます。是非ひとつ、腹に力を入れていただいて、ぐっと締めて、そしてこのチャレンジカードを記入していただく。

しかしながら、皆さん方、「じゃあ俺は、まあ30台に、俺の力では30台だな」と思っておられる方。あるいは「俺の実績では月10台だな」と。これは5月、6月の2月でございますから、10台だったら20台ということになるわけですが、まあ月10台。「まあ俺はそれくらいだよ」と。だから10と書かれる。これは駄目ですよ。それはチャレンジではありません。やはりひとつの目標を掲げて、それをやっていく。それなんですよ。チャレンジというのはそれなんです。

東京の皆さん方。おとといはナゴヤ球場で王選手が3打席連続ホームランを打って、おめでとうございました。私、実はドラゴンズファンでございます。39歳の王が、やはり今年もキングになるためにチャレンジをしとるでしょう。病み上がり。あれは大変な、私は努力だと思います。しかし、巨人ファンの皆さん、あの日は中日の大島も3本打ったんですから。やればできるんですよ。一日ぐらいなら王と一緒のことができる。

皆さん方は商売を続けられて、おそらく10年、20年、お父さんの時代、おじいさんの時代からの暖簾を背負ってのご商売の方が多いと思います。是非チャレンジをしてください。そして皆様とともに来年の一月もまた、お会いできることを私はお祈りをするわけでございます。

大変、勝手気ままなことを申し上げ恐縮に存じますが、最後になりましたが、どうかひとつ、本日ご臨席のスズキ副代理店の皆様方の、ご家族を含めてのご健康を心から、お祈りを申し上げ、そして、皆様方が、今日からスズキの「さわやか アルト」を売っていただくことが、今年だけの問題ではなしに、スズキのクルマを売り続けて、今後とも5年なり10年なりのなかでやっていただくならば、私どももただ単にアルトのみならず、アルトを売って、そしてまたその次へという商品を開発しながら、ああスズキをやって良かった、ということを5年のち、10年後に必ずおっしゃっていただけるような商品の開発を今後とも続けていく決意でおりますので、よろしくお引き立てをいただきますよう、お願いを申し上げて、ご挨拶にかえさせていただきます。

以上

初代アルトは赤いボディカラーの注文が圧倒的に多かった。当時、赤と言えばスポーティカーや豪華なクーペの塗色というイメージだったが、アルトが赤を軽自動車に解放した。

【1979年　初代アルト縮刷版カタログ】

赤、白、シルバーの３色が１９７９年当時のボディカラー設定だった。白は圧倒的に営業車需要が多く、シルバーはファミリーユーザーにも社用車にも受け入れられた。

さわやかアルト誕生!

気軽るに乗れて、暮しに夢を広げる……
スズキが新しい思想で開発したアルトです。

ALTO

私たちの暮しにクルマは欠かせない存在になりました。もっと気軽るに買えて、誰もが自由に乗りまわせるクルマを…とスズキは考えました。アルトの誕生です。快適、機敏、安全に走る…というクルマ本来の機能を徹底追求しました。ムダがありません。ムダのなさが、お求めやすさ、すぐれた経済性を実現しました。省資源、省エネルギー時代の全く新しいタイプのクルマです。
ふだんはアシがわり、週末や休日はレジャーにお買物に…気軽るなアルトはさわやかなまい日をお約束します。

スズキアルト　魅力のポイント

●のびのびくつろげる居住スペースと大きな窓。広く明るくを心がけた快適な室内。
●大型のハッチバックドアと後席がさまざまに使い分けられる多用途スペース。レジャーにショッピングに便利。
●軽快で美しい2ドアスタイル。大きなドアで後席への乗り降りもらくらく。
●ねばり強いエンジン。2サイクルならではの高トルクであらゆる走行に余裕充分。3段式消音マフラーで静かさも格別。
●FF(前置きエンジン前輪駆動)方式を採用。すぐれた走行安定性と広い居住スペースを確保。
●画期的なお求めやすさ。ぐんと割安の税金・保険料。好燃費もうれしい経済性。

余裕たっぷりの室内。
広いドアで乗り降りもらくらく。

アルトは室内の余裕が違います。特に、前席足もとの余裕にご注目ください。FFならではの平らな床面、屈折式ハンドルでのびのびくつろげます。肩まわりや頭上もゆったりです。前席はリクライニング式。最適の運転姿勢が選べます。

ツートーンのシート表皮はデザイン部門からの提案。規格上は貨客兼用車だが、商用車に見られないようにする工夫のひとつだった。狙ったイメージは「さわやか」だった。

使い方いろいろ。
くらしの楽しさを大きく広げる
多用途スペース。
アルトの大きな魅力です。
後席の背もたれを倒すだけで、広いスペースが出現。
荷物がたっぷり積み込めます。
大型のレジャー用品もスッポリ。
休日の楽しさをひとまわりもふたまわりも大きくします。
週末のショッピングにも便利。
しかも大きく開くハッチバックドアで、カサばる物の出し入れもらくらくです。
スズキ アルト
●後席と助手席の背もたれを倒せば…長尺物もスッポリ。大型レジャー用品もらくに積めます。
●後席だけ倒した場合は…レジャー用品や、カサばる物のショッピングに便利です。
●4人でお出かけなら…各人の手荷物を後席うしろへ。

「あるときはお買い物に」「あるときはレジャーに」と多用途性を打ち出した点は現在のSUVに通じる。娯楽や趣味の多様化という社会背景を「商用車の荷室」に取り込んだ。

便利さ、使いやすさが魅力。ショッピングにも大活躍します。

アルトは、大きな荷物、重い荷物にも頼もしい働きを示します。
後席をたためば200kgもの荷物を積めます。
荷室の奥行きは955mm。
左右2枚のドアと大型ハッチバックドアで、積み降しもらくにできます。

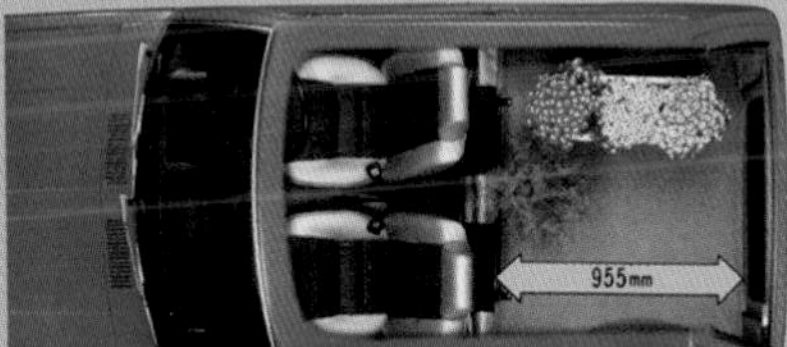

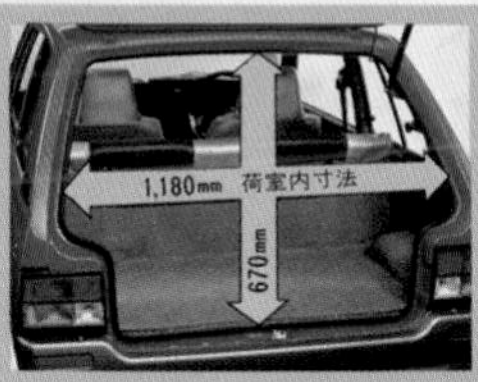

●巾1,180mm×高さ670mm。広いスペースで、箱物やカサ物もたっぷり積めます。

●大型ハッチバックドア。らくな姿勢で積み降しできます。

後席を折りたたんだ場合の荷室長は935ミリと広かった。ダッシュボード前端から前席背もたれ後端までの距離よりも荷室長のほうが長いことが商用車には求められる。

簡潔そのものの計器盤。機能に徹した美しさが新鮮。

●ラジオはオプションです。

アルトは、とても運転のしやすいクルマです。ひと目で明確に読みとれる大型メーターを採用。スイッチ・ノブ類はシートベルトを締めたままでもムリなく手が届く位置に…すべての運転操作がごく自然に行なえます。機能に徹した設計が、簡潔な中にも美しさをつくりだしたアルトです。

届折式ハンドル採用で、足もと広びろです。
ハンドル軸を途中2ヵ所のジョイントで屈折させています。
足もとがぐんと広くなりました。ペダル操作がらくです。
ハンドル角度も適切。自然な姿勢で運転できます。

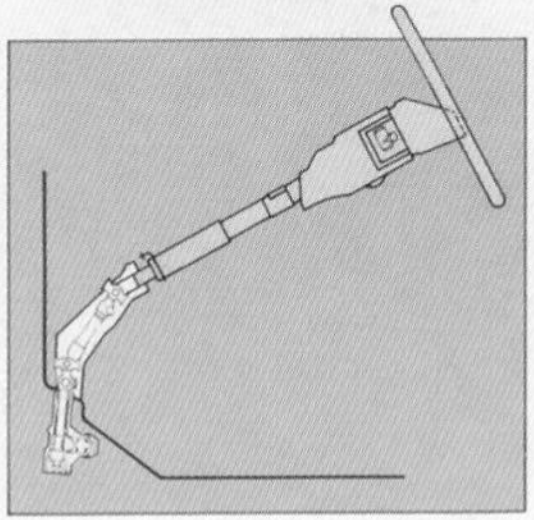

走る楽しさを心ゆくまで…特に入念に配慮した安全装備。

●衝撃をがっちり受けとめボディを守る強力バンパー。

●トップマークを利用した新機構のボンネットオープナー。操作がらくになりました。

●シンプルに機能的に配置された見やすい大型2連メーター。

●確実に身体を守る安全性の高い3点式シートベルト。

●片一方のヒューズが切れても安心な2系統式ヘッドランプ。

●高感度AMラジオ。素晴しい音質でドライブを楽しくします(オプション)。

樹脂一体成形のダッシュボード、ラジオのオプション化など、部品点数を減らしながらも機能面では新しいアイテムを採用していた。コスト配分の妙も初代アルトの特徴である。

あらゆる走りに余裕充分。ねばり強く静かなエンジンを搭載。

550・2サイクル3気筒水冷。
定評あるエンジンをFF方式で搭載。
（前置きエンジン・前輪駆動）

28psの余裕あるパワー、2サイクルならではの高トルク5.3kg-mが魅力のエンジンです。低速から高速まで力強く、機敏に走れます。特に中・低速でのねばり強さで、混んだ街中での運転も苦になりません。しかもリッター当り26km（60km/h定地走行テスト値）も走る好燃費を誇ります。排出ガス対策もスズキ独自の方式で万全です。

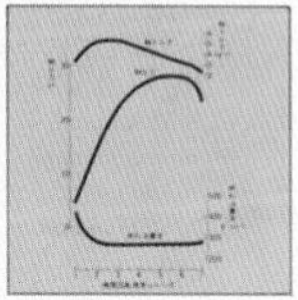

FFならではのすぐれた走行安定性。
FF（前置きエンジン前輪駆動）は、前輪が駆動力を発揮しボディを引っぱります。ハンドルを切ればその方向に駆動力が働き、雪道、ヌカルミでも安定した走行が楽しめます。アルトはさらにエンジンを横置きに設計。大きな室内を実現しました。

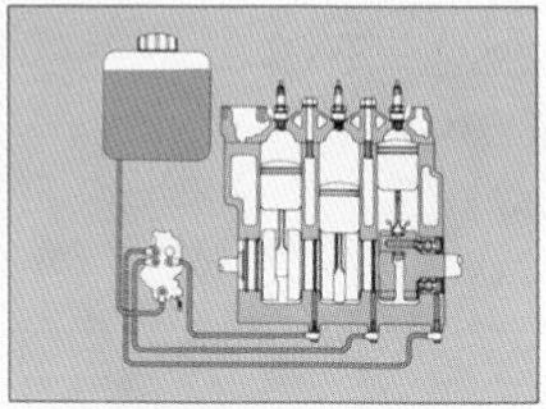

エンジンのもちが違う給油方式CCIS。
スズキ独自の画期的な給油システムです。新鮮なオイルをエンジン主要部分に、ポンプで直接給油。すぐれた潤滑性能により、エンジンの性能と耐久性をぐんと向上しました。

26.5度。目を見張る登坂力です。
5.3kg-mの高トルクにものいわせ、急坂いっきのアルトです。山道、長い連続カーブも苦にせず、さわやかに走り抜けます。

独自の3段式消音マフラー採用で実に静か。
54年騒音規制にいち早く適合。ぐんと静かなエンジンです。高速走行も快適そのものです。

お求めやすさ、維持費がちがいます。クルマの楽しさを気軽に…のアルトです。

この車にしてこの価格。
アルト最大の魅力です。アルトのよさをより多くの方々に知っていただきたい…。

必要経費もグンと割安。
くらしに役立つアルトならではです。取得税、重量税、自動車税などなど、クルマにかかる税金、保険料がグンと割安のアルトです。また車検も2年に1回。経費と手間を省けます。

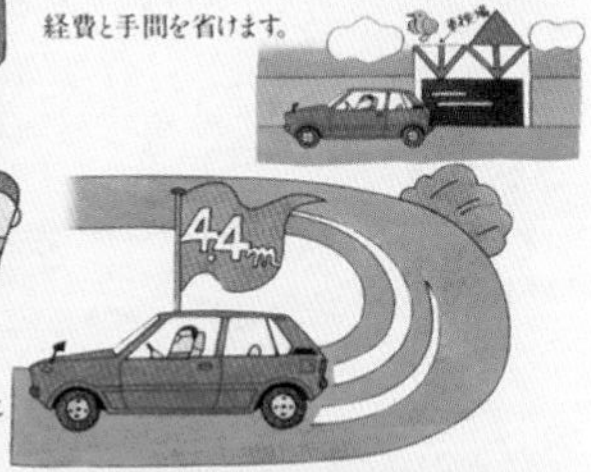

小回りがきいて、駐車もらくらく。
回転半径4.4m。混雑した街中、狭い道も身軽に走り抜けます。狭い場所での駐車も苦になりません。

スズキアルト

すっきりとした2ドアスタイルでさっそうと登場したアルト。さわやかな3種類の車体色を用意しました。シルバーメタリックをはじめいずれも"さわやかアルト"にふさわしい色です。さて、あなたのアルトはどの色で？

- ●フランソワホワイトNo.2
- ●パナマレッド
- ●クリスタルシルバー・メタリック

●車体色は印刷のため実物と異なる場合があります。

発売当初、3気筒550ccエンジンは2ストロークだった。4ストローク化されたのはモデルライフ途中の1981年初頭。発売翌年には2速AT仕様が追加された。

●主要諸元表　　　　（　）は4名乗車時

車種	MX
型式	H−SS30V

〈寸法・重量〉

全長(mm)		3,195
全幅(mm)		1,395
全高(mm)		1,335
荷室寸法（mm）	長さ	955(560)
	幅	1,180
	高さ	770(670)
ホイールベース(mm)		2,150
トレッド(mm)	前	1,215
	後	1,170
車輌重量(kg)		545
最大積載量(kg)		200(100)
乗車定員(名)		2(4)

〈性能〉

登坂能力(tanθ)	0.50
制動距離(初速50km/h)(m)	14
燃料消費率(km/ℓ)	26(60km/h定地走行テスト値)
最小回転半径(m)	4.4

〈エンジン〉

型式	2サイクル・3気筒水冷T5B
内径×行程(mm)	61.0×61.5
総排気量(cc)	539
最高出力(PS/rpm)	28/5,500
最大トルク(kg-m/rpm)	5.3/3,000

●この仕様は、改良のため予告なく変更することがあります。あらかじめご了承ください。

車種	MX
型式	H−SS30V

〈エンジン〉

潤滑方式	直接給油方式（スズキCCIS）
圧縮比	7.0
フューエルタンク容量(ℓ)	27(無鉛ガソリン使用)
オイルタンク容量(ℓ)	5

〈走行伝導装置〉

クラッチ		乾式単板ダイヤフラム式
ミッション		前進4段(フルシンクロ)・後退1段
変速比	1速	3.583
	2速	2.166
	3速	1.375
	4速	0.933
	後退	3.363
減速比		5.687

〈ステアリング〉

歯車形式	ラック&ピニオン式

〈ブレーキ〉

主ブレーキ形式	前	ツーリーディング
	後	リーディングトレーリング
駐車ブレーキ形式		機械式後2輪制動

〈懸架装置〉

懸架方式	前	ストラット式
	後	半楕円リーフスプリング式
タイヤ		5.00−10−4PR ULT

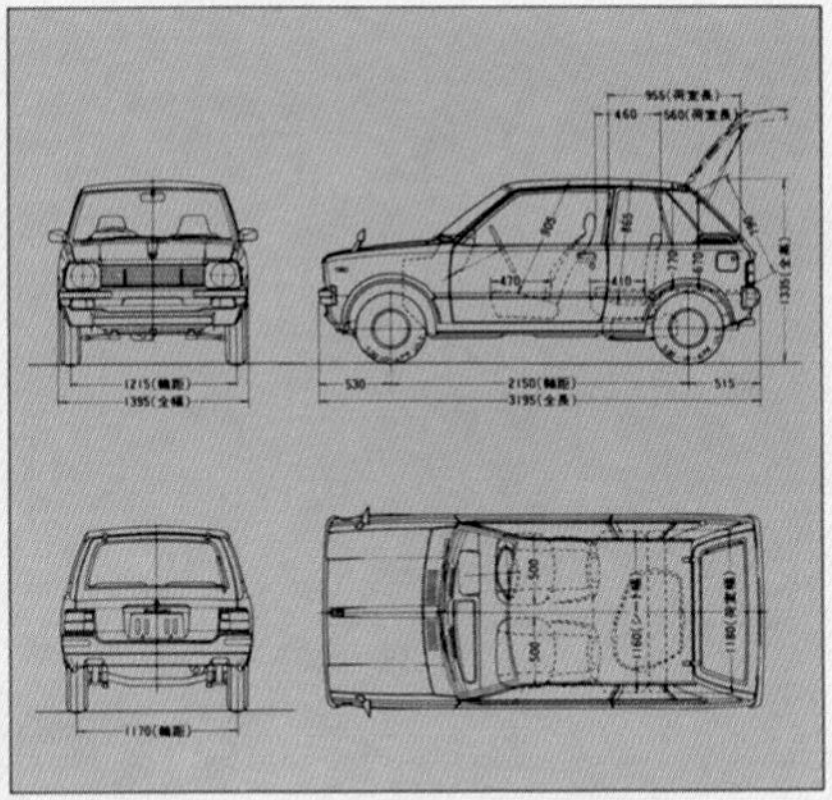

※スズキアルトを運転する場合、現行法規上では普通免許が必要です。
※省資源、省エネルギーの時代です。燃料を大切に使いましょう。

当時の28psは車載状態（ネット）ではなくエンジン単体で計測したグロス値だった。車両重量545kgは衝突安全基準が存在しなかった時代のメリットだと言える。

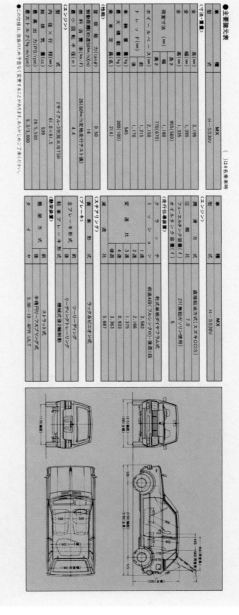

車両価格47万円に対し、オプション売り上げは平均3～4万円あった。諸費用込みでも50万円台に収まる総支払額は、初代アルトにとって最大のセールスポイントだった。

【1979年　初代アルト縮刷版オプションカタログ】

あなたのセンスがキラリ。個性的なアルトに。

EXTERIOR

外装用品

Photo：オプション装備車

ルーフ両側のドリップモール（雨どい）に金具を固定する方式のルーフキャリアにはスキーだけでなくトランクなど箱物も固定することができた。2代目でドリップモールは廃止。

アナログまたはデジタル表示時計、AMラジオ、シガーライターはオプション。その下にFMチューナー付きカセットステレオ（クラリオン製）をさらに追加することができた。

●タイヤチェーン　寒冷地、積雪地走行の必需品です。ゴムバンド式とスプリングバンド式の2種。

●ストライプテープ　精悍なムードをプラス。スタイルをいっそうセンスアップできます。A、B、Cの3種類があります。

INTERIOR
内装用品

●ハンドルカバー　しゃれた皮製とナイロン製の2種類。

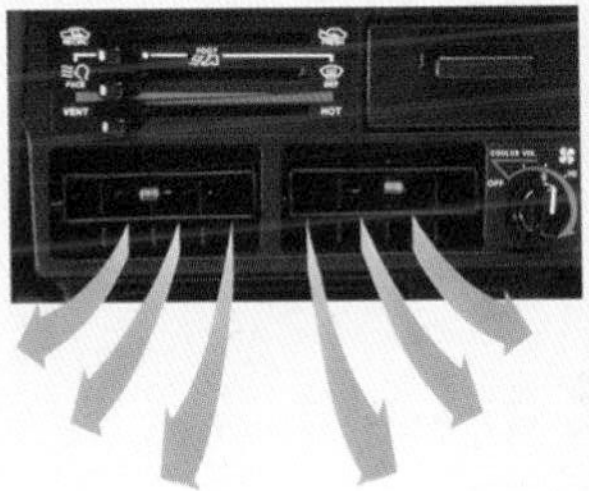

●カーエアコン　計器盤組み込みのコンパクト設計。冷房能力は強力です。冬期はヒーターと組み合わせ快適温度で走行できます。（ディラーオプション）

●カーラジオ　すぐれた音質、音色が魅力の高性能AMラジオです。

●オートクロック　見やすい3針式。計器盤に組み込みタイプです。

●デジタルクロック　正確なクォーツ（水晶発振）式の高級デジタル時計です。

●コンソールボックス　運転席まわりを豪華にムードアップします。

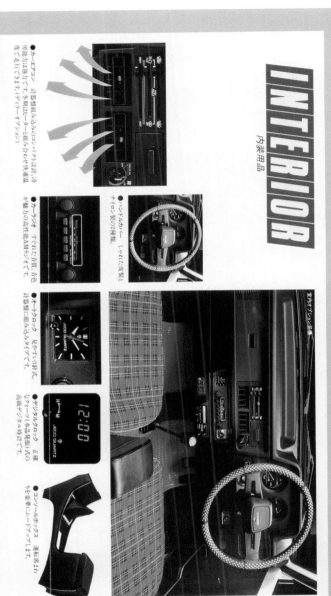

●カセットカーステレオ　コンパクトな設計。しかも迫力あるサウンドが楽しめます。オートエジェクト、オートリバース付、FM/オートリバース付の3タイプ。

●ドアポケット　小物がキチンと整理できます。

●ダストボックス　どこにでも設置できる便利なクズ物入れ。

●アームレスト　ヒジかけ兼用で便利な小物入れ付。

●シガライター　ワンタッチで確実に点火します。

●ワイパーコントロール　ワイパー周期が自由に調節できます。

●トリム・ダッシュサイド　ホイールハウスの汚れや傷つき防止に。

●トリム・フロアサイド　フロアの汚れや傷つき防止に。

●フロアマット　床面の泥汚れを防止。簡単に水洗いでき清潔さを保てます。
アロンVマットは赤と青の2色、アロンマットDXはベージュと赤の2色の他にゴム製のペアマットとサービスマットもあります。

●ステップガード　ステップの泥汚れ、傷つき防止に。

●シートカバー　美しいデザイン、さわやかな感触が魅力です。白、ブルー、チェック柄の3種類。

●レースハーフカバー　各ネーム入りとネームなしがあります。

●FRP荷台カバー　水濡れ商品の運搬に欠かせません。

標準装備のフロアマットは機能的なゴム製だった。ドアポケットは両面接着テープによる固定。間欠ワイパーの間欠時間を調節する装置も標準装備ではなくオプション設定だった。

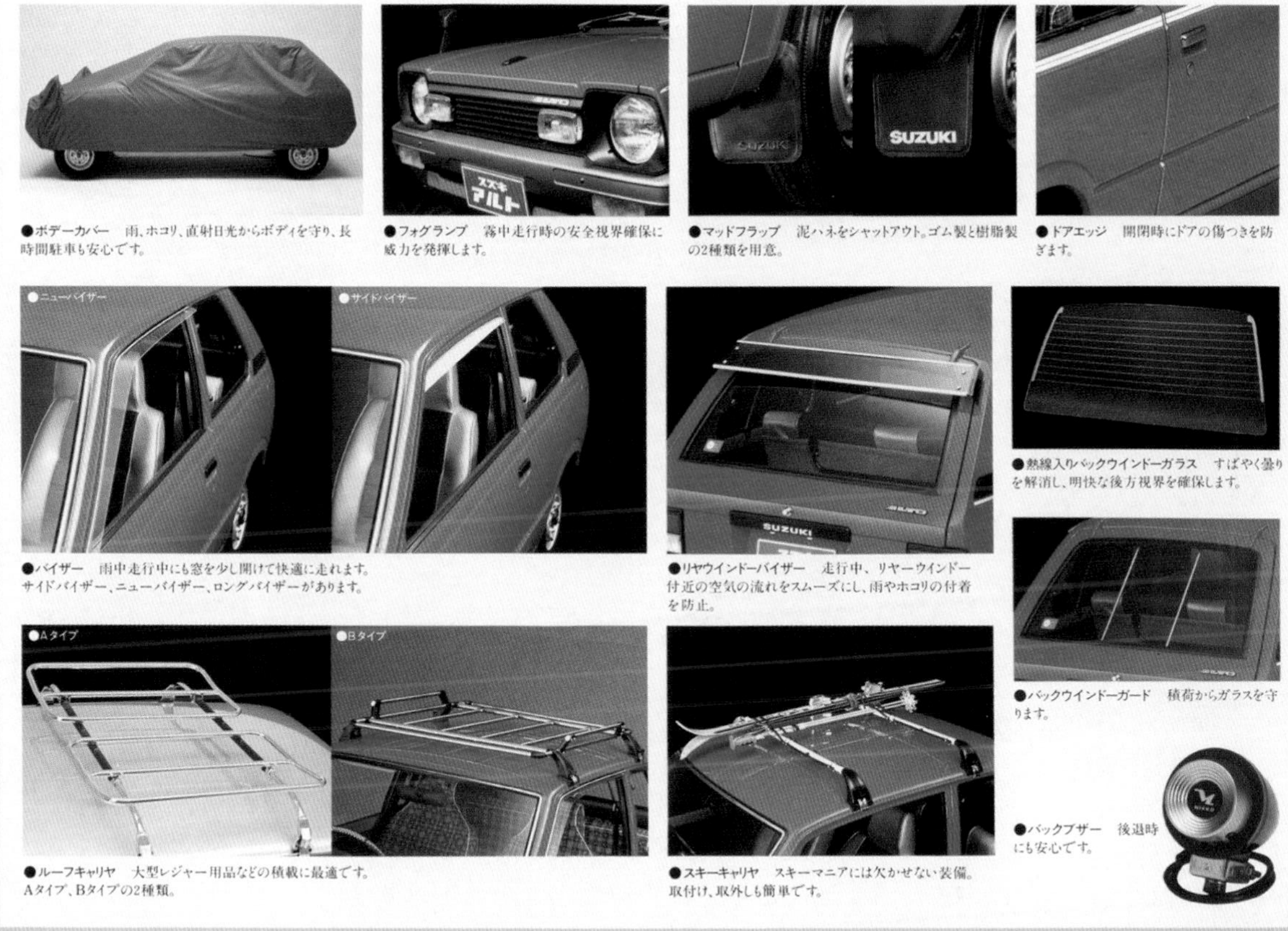
●ボデーカバー　雨、ホコリ、直射日光からボディを守り、長時間駐車も安心です。

●フォグランプ　霧中走行時の安全視界確保に威力を発揮します。

●マッドフラップ　泥ハネをシャットアウト。ゴム製と樹脂製の2種類を用意。

●ドアエッジ　開閉時にドアの傷つきを防ぎます。

●ニューバイザー

●サイドバイザー

●バイザー　雨中走行中にも窓を少し開けて快適に走れます。サイドバイザー、ニューバイザー、ロングバイザーがあります。

●リヤウインドーバイザー　走行中、リヤーウインドー付近の空気の流れをスムーズにし、雨やホコリの付着を防止。

●熱線入りバックウインドーガラス　すばやく曇りを解消し、明快な後方視界を確保します。

●バックウインドーガード　積荷からガラスを守ります。

●Aタイプ

●Bタイプ

●ルーフキャリヤ　大型レジャー用品などの積載に最適です。Aタイプ、Bタイプの2種類。

●スキーキャリヤ　スキーマニアには欠かせない装備。取付け、取外しも簡単です。

●バックブザー　後退時にも安心です。

外装まわりのオプション。熱線式リヤウィンドウデフォッガーやマッドフラップは売れ筋だった。販売店にとってオプション品は貴重な収益源だった。現在でも事情は変わらない。

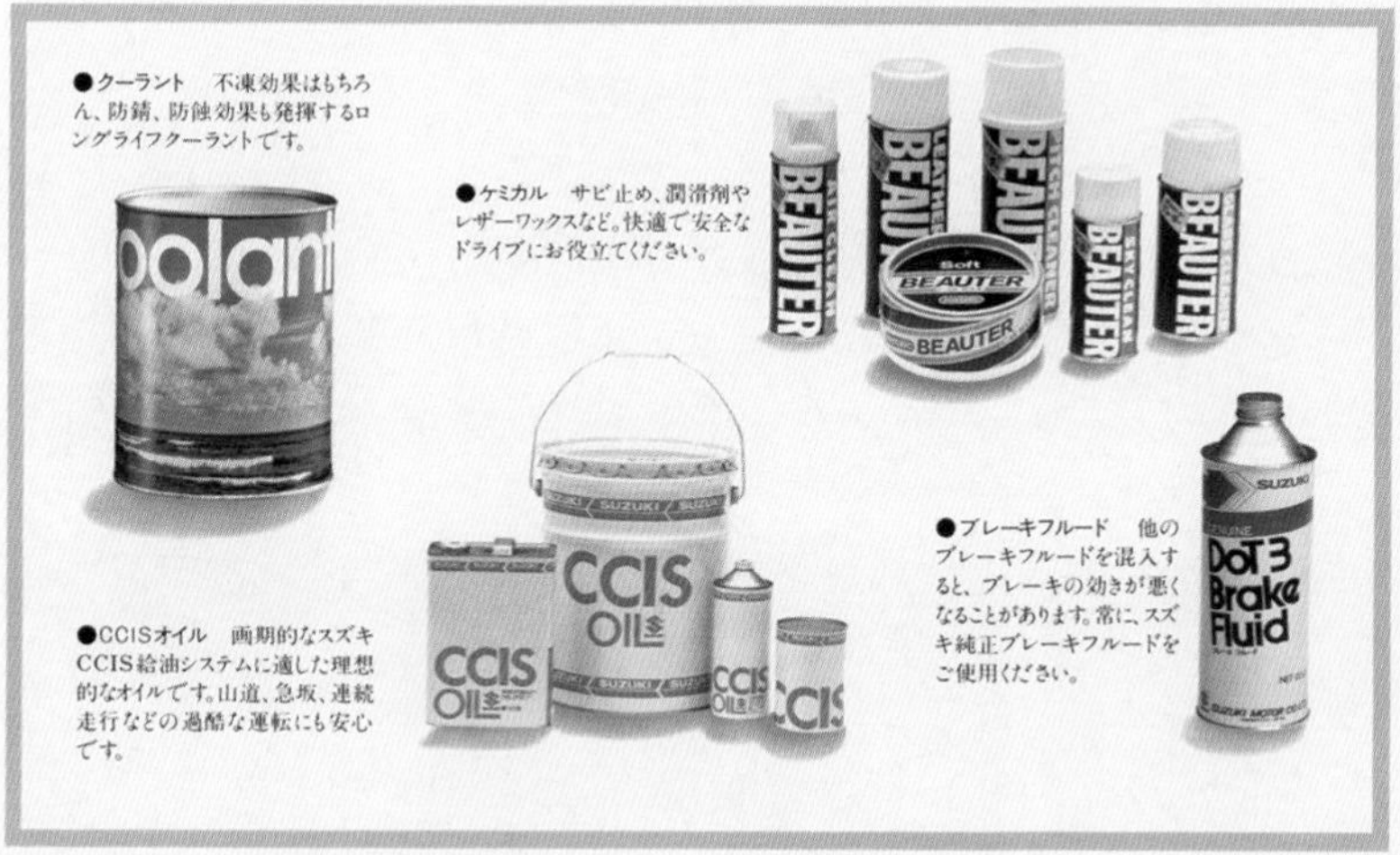

●クーラント　不凍効果はもちろん、防錆、防蝕効果も発揮するロングライフクーラントです。

●ケミカル　サビ止め、潤滑剤やレザーワックスなど。快適で安全なドライブにお役立てください。

●CCISオイル　画期的なスズキCCIS給油システムに適した理想的なオイルです。山道、急坂、連続走行などの過酷な運転にも安心です。

●ブレーキフルード　他のブレーキフルードを混入すると、ブレーキの効きが悪くなることがあります。常に、スズキ純正ブレーキフルードをご使用ください。

●アルトオプション部品一覧表

品名	品番	標準価格(円)	備考
ボデーカバー	99000－71456	5,500	ナイロン
フォグランプ	99000－74305	7,000	
ナンバープレートトリム、フロント	99000－79355	800	
〃　〃　リヤ	99000－79359	800	
マッドフラップ、フロント	57600－78810	1,200	
〃　リヤ	57600－78820	1,500	
タイヤチェーン	99000－79445	4,100	スプリングバンド付
ドアーエッジ	99000－79533	1,800	
バックブザー	99000－79451	1,300	
ストライプテープ　A	99000－78031	6,000	
〃　B	99000－78032	3,800	
〃　C	99000－78029	6,500	
ニューバイザー	99000－76029	2,700	
サイドバイザー	99000－76028	1,200	
ロングバイザー	99000－76027	2,400	
リヤーウインドーバイザー	99000－76031	12,000	
ルーフキャリヤ　A	99000-72026-001	18,000	
〃　B	99000-72026-002	15,500	
スキーキャリヤ	99000－72027	8,200	
熱線入バックウインドーガラス	79671－78220	15,990	
バックウインドーガード	99000－79545	1,400	
カーラジオ	39100－78240	15,000	
カーステレオ	39800－78220	33,000	
シガライター	39400－75000	1,150	附属部品含む
オートクロック	34600－78200	10,000	
デジタルクロック	34600－78210	12,000	
ハンドルカバー	99000－79251	1,800	皮製
ワイパーコントロール	38390－71310	4,800	
ダストボックス	99000－79536	2,000	
コンソールボックス	99000－79352	12,000	
アームレスト	99000－77090	5,600	
シートカバー	99000－71454	5,700	ブルー
レースハーフカバー	99000－71455	2,900	ネーム入
アロンVマット	99000－73450	2,400	フロントセット
アロンマットDX	99000－73036	6,300	1台分
ドアポケット	99000－79538	4,000	
トリム、ダッシュサイド	66311-78000-281	2,600	1台分
〃、フロアサイド	66331-78200-281	900	〃
ステップガード	99000－79534	3,100	
FRP荷台カバー	99000－73035	26,700	2人乗車時用

●仕様及び価格は、予告なく変更する場合があります。●標準価格には、取付工賃は一切含まれておりません。

SGA
SUZUKI GENUINE ACCESSORY
(54・J) 99999-30001-500

ポンプを使って気筒ごとのクランク軸まわりを潤滑する方式をスズキはCCISと名付け、その専用オイルがCCISオイル。ケミカル製品はよく「サービス品」に使われた。

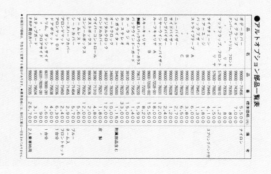

牧野茂雄（まきの・しげお）

1958年東京生まれ。日刊自動車新聞社記者、三栄書房編集顧問、「ニューモデルマガジンX」編集長を経て2000年からフリーに。新聞記者時代には官公庁、国会、自動車メーカー、部品メーカー、流通、エネルギーなどの担当を歴任。現在は自動車技術を中心に取材・執筆活動を行なっている。「経営と技術の橋渡し」がライフワーク。AJAJ（日本自動車ジャーナリスト協会）会員。「シニアヴィークルダイナミシストの会」会員。

取材協力・資料提供：スズキ株式会社／参考資料：『スズキ100年史 1920-2020』

スズキ「ものづくり」の原点

初代ALTOと鈴木修の経営

2021年10月26日　初版 第1刷発行
2021年11月30日　　　 第2刷発行

著者	牧野茂雄
発行人	伊藤秀伸
編集人	鈴木慎一
発行元	株式会社三栄 〒160-8461 東京都新宿区新宿6-27-30 新宿イーストサイドスクエア7F TEL 03-6897-4611（販売部） TEL 048-988-6011（受注センター） TEL 03-6897-4636（編集部）
装幀・デザイン	直井デザイン室
DTP	トラストビジネス株式会社
印刷製本所	図書印刷株式会社

SAN-EI CORPORATION

PRINTED IN JAPAN 図書印刷
ISBN978-4-7796-4473-3